Cálculo Integral de uma Variável

Canal Matemática Universitária

O canal Matemática Universitária é um projeto sem fins lucrativos do Professor Renan que contém, no momento desta publicação, mais de 1000 vídeos de conteúdo universitário e disponibilizados de graça. Acesse `www.youtube.com/c/MatematicaUniversitariaProfRenan` e se inscreva para dar suporte ao canal!

Para baixar o ebook de graça, enviar email para matematicauniversitariarenan@gmail.com de título @LivrosRenan.

Será enviado automaticamente um e-mail com o link do drive com os meus livros.

Cálculo Integral de uma Variável

Renan Edgard Brito de Lima

Professor do Departamento de Matemática
do Instituto Tecnológico da Aeronáutica - ITA

Os vídeos deste livro estão organizados na página do QR code acima.

Dados Internacionais de Catalogação na Publicação (CIP)
(Câmara Brasileira do Livro, SP, Brasil)

Lima, Renan Edgard Brito de
Cálculo integral de uma variável / Renan Edgard Brito de Lima. -- São José dos Campos, SP : Ed. do Autor, 2023.

ISBN 978-65-00-64239-1

1. Cálculo diferencial 2. Cálculo diferencial - Estudo e ensino I. Título.

23-157367 CDD-515.3307

Índices para catálogo sistemático:

1. Cálculo diferencial : Matemática : Estudo e ensino 515.3307

Tábata Alves da Silva - Bibliotecária - CRB-8/9253

À minha esposa, Mary.
À minha filha, Elisabeth.
Aos meus pais, Jorge e Fátima.

Sumário

Prefácio

Estrutura do Livro

O livro foi originalmente projetado para ser um e-book, em que é possível ter uma leitura confortável em tablets, computadores e celulares. Mas com o tempo veio a ideia da criação do QR code abaixo que encaminha para uma lista de vídeos no youtube:

Figura 1: QR code que direciona para todos os vídeos deste livro no Youtube.

Este livro conta com 74 videoaulas, produzidas pelo próprio autor, que complementam a explicação. Tais vídeos estão disponíveis no Youtube via o link `www.youtube.com/c/MatematicaUniversitariaProfRenan`. Este canal do Youtube contém mais de 1.100 vídeos de vários assuntos de matemática a nível universitário.

É possível adquirir a versão impressa em `https://clubedeautores.com.br/livros/autores/renan-lima`. Está disponível as versões colorida e preto e branco. Os recursos obtidos por estas vendas serão utilizados para compra de equipamentos para aumento de qualidade das videoaulas no canal do youtube. Quem adquiriu a versão impressa, envia um email para matematicauniversitariarenan@gmail.com de título @LivrosRenan, que envia automaticamente o link do drive dos meus e-books.

Sugiro dar uma olhada em sites como Amazon, Submarino e mercado livre para compra do livro físico. Algumas vezes aparece uma boa promoção e, neste caso, recebo 20% do valor da venda. Provavelmente, nestes sites, terão apenas a versão preto e branco. Quem lida com a logística do livro físico é o Clube de Autores e eu apenas autorizo a disponibilização do livro nestes sites.

Quem gostou do livro, peço que dê o máximo de estrelas e faça um elogio e/ou comentário. Isso me ajuda muito no marketing.

Caso deseje ajudar financeiramente o projeto, abri a possibilidade de ser membro do clube dos canais via uma assinatura mensal, cancelável a qualquer momento por parte do usuário. No momento, temos a opção de R$ 5,00, R$ 7,00 e R$ 15,00 por mês. Pretendo, para os membros básicos do canal, postar alguns vídeos exclusivos, soluções de exercícios do(s) meu(s) livro(s). Os membros intermediário e avançados terão maior interatividade comigo.

O motivo de construir um solucionário em uma área paga (e barata) é por achar importante que o estudante tente resolver o exercício e, acredito que, deixar a solução disponível gratuitamente pode desestimular o estudante a tentar resolvê-los.

Por outro lado, há um grande número de bons estudantes que gostariam de ter um solucionário para conferir um pouco a escrita e, quem sabe, ter alguma nova solução. Neste sentido, acredito que R$ 5,00 em um mês ou dois meses é um valor razoavelmente baixo e este valor é uma mensagem com mais ênfase de tentar resolver o exercício antes de olhar a solução.

Sobre o Conteúdo do Livro

Este livro contempla a parte de integração de funções de uma variável e é interessante que o estudante tenha acesso ao primeiro livro que é chamado Cálculo Diferencial I. É possível adquirir a versão impressa no site `https://clubedeautores.com.br/livro/calculo-diferenciali`, tendo a opção de adquirir colorido ou preto e branco.

O motivo de ter escrito o livro de cálculo integral separado do cálculo diferencial é que não é necessário ter conhecimento pleno de todo o conceito de derivadas para trabalharmos com a integração e, no início dos cursos de física mecânica, é comum mencionar o conceito de integração. É possível adquirir este material em volume único, mas acredito que seja mais agradável estudá-lo separadamente.

Tomei a decisão de colocar, em cada seção, poucos exercícios para que o estudante não fique muito tempo preso em um determinado assunto. Acredito que, futuramente, pode-se acrescentar exercícios por outras mídias, tais como um site específico ou pode-se utilizar as listas de exercícios de uma faculdade. Pelo mesmo motivo, evitei colocar desafios nos capítulos 1 e 2 e preferi que os exercícios sejam um guia para que o estudante desenvolva a lógica matemática esperada da seção. Algumas seções do capítulo 3 possuem alguns exercícios complicados.

Além das seções usuais, o livro conta com seções de apêndices dos capítulos. Cada seção do apêndice é uma leitura opcional e tem caráter informativo. Por esta razão, não acrescentamos exercícios no final dessas seções.

Um fato curioso é que o cálculo integral tem uma história muito mais rica que o cálculo diferencial. Para termos uma ideia, costuma-se, no cálculo diferencial, enfatizar o embate entre Newton e Leibniz sobre quem seria o pai do cálculo... No cálculo integral, há uma maior discussão da evolução das ideias matemáticas, até se chegar ao nível do cálculo atual. Não é exagero falar que os avanços do cálculo integral começaram antes de cristo, com o método da exaustão.

Existem algumas menções históricas no decorrer deste livro. Sinta-se encorajado e incentivado a procurar na internet. Um bom ponto de partida é o site da Wikipedia.

Além disso, eu incentivo (e muito!) o uso de softwares para verificar respostas e auxiliar nos estudos. No caso da integral, costumo utilizar a versão gratuita do Wolfram, que pode ser acessado em `https://www.wolframalpha.com/`. Outro software bastante interessante é o Geogebra CAS Calculator, disponível para android, mas também pode ser acessado em `https://www.geogebra.org/cas?lang=pt`. CAS significa *Computer Algebra System* e, ao contrário da solução numérica, o computador fornece a solução simbólica. Por exemplo, $f(x) = x^2$ é simbólico.

Renan Brito de Lima
Professor do Departamento de Matemática
Instituto Tecnológico da Aeronáutica

CAPÍTULO

1 Introdução ao Cálculo Integral

1.1 Arquimedes e o Cálculo de Área

O problema do cálculo das áreas foi objeto de estudo de grande interesse pelos Gregos antigos. Eles sabiam trabalhar com o cálculo de área de polígonos e círculos, mas era considerado insolúvel o cálculo de área de outras figuras, tais como regiões parabólicas.

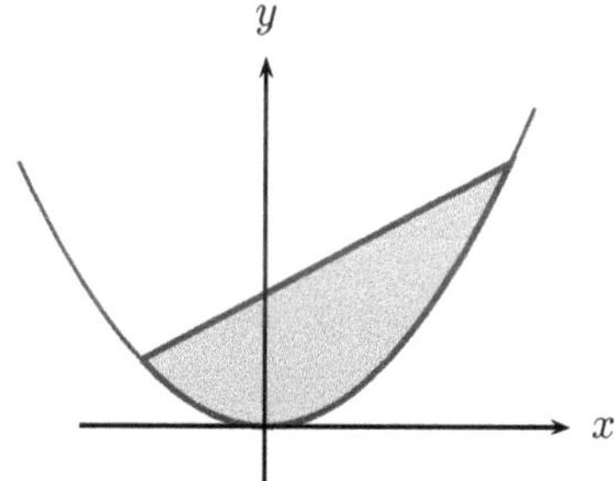

Figura 1.1: Arquimedes foi capaz de cálcular esta área com o método da exaustão.

Com a técnica conhecida como *método da exaustão*, Arquimedes foi capaz de calcular algumas regiões mais gerais, mas por quase 2000 anos, este método era um ato isolado desse grande gênio. Uma das aplicações mais conhecidas é a estimativa do número π. Arquimedes notou que o comprimento do círculo era um valor entre o perímetro do polígono regular inscrito e do polígono regular circunscrito ao círculo e, quanto maior o número de lados, melhor seria a estimativa de π.

Arquimedes utilizou fórmulas de perímetro conhecidas na época, calculou o perímetro dos polígonos inscritos e circunscritos de 96 lados e chegou à notável aproximação

$$\frac{223}{71} < \pi < \frac{22}{7}.$$

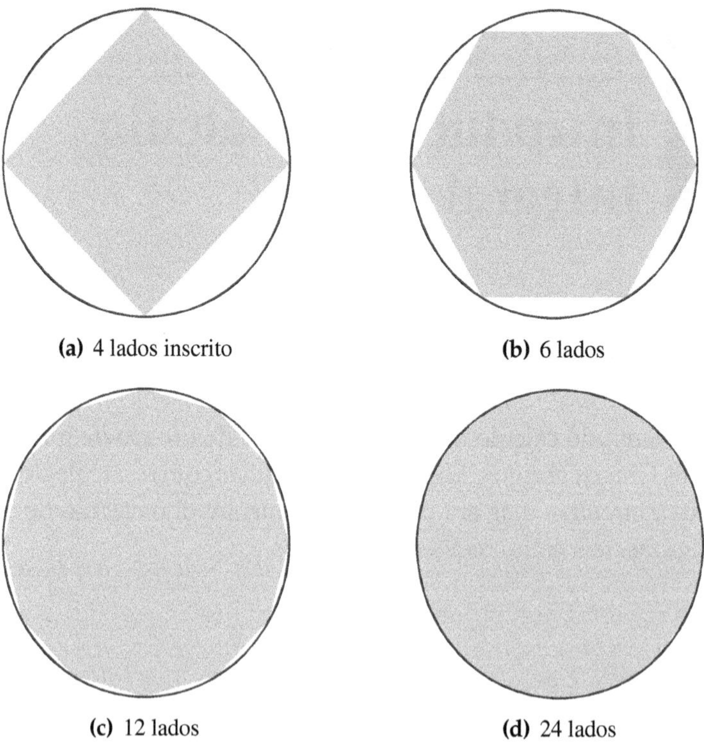

(a) 4 lados inscrito (b) 6 lados

(c) 12 lados (d) 24 lados

Figura 1.2: A área do polígono inscrito se aproxima da área do círculo.

Usando uma calculadora para efetuar as duas divisões, encontramos as duas primeiras casas decimais de π, a saber $\pi \simeq 3,14$. A princípio, pode parecer que teríamos uma aproximação com mais casas decimais, mas o nosso olho não consegue ver a diferença de um centésimo da área. Por exemplo, na figura 1.2 letra (d), há 24 espaços em branco que, quando somadas suas áreas, e supondo o raio 1 cm, nos fornece o valor de $0,03\,\text{cm}^2$. Pegue este valor e divida por 24 e é por isso que nosso olho não consegue perceber a diferença. Ao leitor que estiver com a versão e-book, sugerimos dar um grande zoom para ver o espaçamento.

Além da aproximação de π, Arquimedes encontrou a área da região delimitada pela parábola e a reta secante (ver figura 1.1).

Em torno de 1630, com o surgimento da geometria analítica, a comunidade científica europeia, com destaque para Fermat e Pascal, continuaram o desenvolvimento do método da exaustão a partir de onde Arquimedes parou. Fermat encontrou um argumento elegante para calcular a área da região delimitada pelo gráfico $y = x^n$ e as retas $x = 0$ e $x = b$, com b

arbitrário (ver figura 1.3). A forma com que Fermat calculou esta área é feita no apêndice deste capítulo.

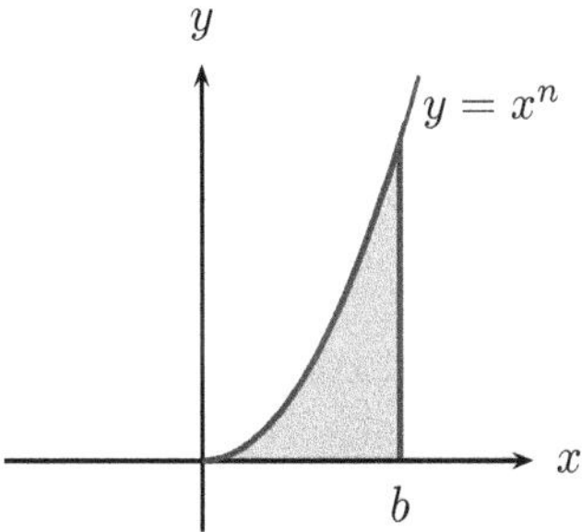

Figura 1.3: Área calculada por Fermat com um método bastante elegante.

Houve, no período de 1630 até 1680, muitas ideias pontuais para o cálculo de área das mais diversas figuras. Coube a Leibniz e a Newton a tarefa de recolher e unificar estas ideias em uma teoria. O principal resultado é o que hoje chamamos de *o teorema fundamental do cálculo*, que afirma que se uma área pode ser computada pelo método da exaustão, então pode ser computada usando o processo de *antiderivação* ou, com o nome mais conhecido, *integração*. Este teorema é um dos pilares da Teoria do Cálculo.

Houve, literalmente, uma guerra entre Newton e Leibniz sobre quem seria o grande inventor do Cálculo, com graves acusações de plágio. Atualmente, após muita investigação dos manuscritos, é de consenso entre os historiadores que não houve plágio e, portanto, o Cálculo tem *dois pais*. Newton foi quem descobriu o Cálculo primeiro, mas Leibniz foi o primeiro a publicar os resultados.

1.2 A Visão da Física do Conceito de Integral

Sugerimos a nossa videoaula Introdução com Física ao Conceito de Integral. Convidamos o leitor a assistir duas vezes a esta aula, a primeira antes de começar a leitura desta seção e a segunda após terminar a leitura, pois as ideias apresentadas no vídeo são muito importantes, mas exigem um tempo de reflexão.

Antes de falarmos do conceito de integral, faremos uma breve explicação da notação sigma para somatórios. Dados números $a_1, \cdots, a_n$, a sua soma é denotada por

$$\sum_{i=1}^{n} a_i = a_1 + a_2 + \ldots + a_n.$$

A letra grega Σ (sigma maiúsculo) corresponde à nossa letra S. A notação acima se lê: *o somatório de* $i = 1$ *até* n *de* a_i. A letra i é chamada de índice do somatório, mas é apenas uma letra auxiliar e pode-se usar qualquer outra letra. Por exemplo, a soma $1+2+3+4$ pode ser representada pela notação sigma nas seguintes formas:

$$\sum_{i=1}^{4} i \qquad \text{ou} \qquad \sum_{k=1}^{4} k.$$

Vamos fazer alguns exemplos e esperamos que o leitor entenda o padrão.

$$\sum_{i=1}^{7} i^2 = 1^2 + 2^2 + 3^2 + 4^2 + 5^2 + 6^2 + 7^2,$$

$$\sum_{k=1}^{4} (k+1)^2 = 2^2 + 3^2 + 4^2 + 5^2 = \sum_{i=1}^{4} (i+1)^2,$$

$$\sum_{k=1}^{4} \frac{k}{k+1} = \frac{1}{2} + \frac{2}{3} + \frac{3}{4} + \frac{4}{5},$$

$$\sum_{i=1}^{5} (-1)^i = -1 + 1 - 1 + 1 - 1.$$

Não há necessidade de o índice começar pelo 1, por exemplo:

$$\sum_{k=2}^{5} k^2 = 2^2 + 3^2 + 4^2 + 5^2 = \sum_{k=1}^{4} (k+1)^2.$$

Voltando para o conceito de integral, considere um motorista dirigindo o carro em linha reta e que este tenha apenas acesso ao velocímetro. Suponha que o carro parta da posição de repouso, acelere até um certo ponto e depois desacelere até parar. Desejamos encontrar um procedimento para calcular a distância percorrida pelo veículo, supondo que temos um mapeamento preciso da velocidade em cada instante t em 0 a 60 segundos.

Para fixar as ideias, suponha que colocamos um sensor no velocímetro e que a velocidade do veículo é modelada por $v(t) = \dfrac{t(60-t)}{30}$, em que t é dado em segundos e v é dada por m/s. Observe que o veículo não anda em movimento uniforme e nem em movimento uniformemente variado.

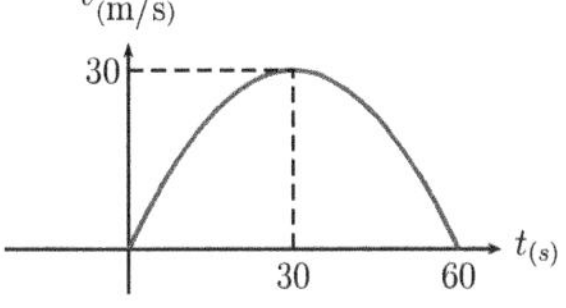

Figura 1.4: Gráfico de $v(t) = \dfrac{t(60-t)}{30}$.

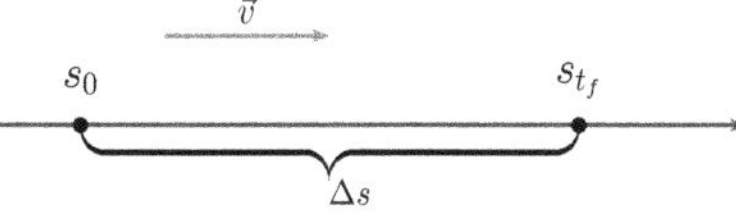

Figura 1.5: O veículo vai para a direita.

Para resolvermos um problema dessa natureza, começamos com os casos mais simples e, aos poucos, complexificamos o problema. Suponha que o movimento do carro seja uniforme, isto é, com velocidade instantânea constante v. A distância percorrida $\Delta s_{t_0 \to t_f}$ no intervalo de t_0 a t_f é dada por

$$s(t_f) - s(t_0) = \Delta s_{t_0 \to t_f} = \mathrm{v}(t_f - t_0) = \mathrm{v}\Delta t.$$

Considere o referencial conforme a figura 1.5. Se $\mathrm{v} > 0$, então $s(t_f)$ se encontra à direita de $s(t_0)$; se $\mathrm{v} < 0$, então $s(t_f)$ está à esquerda de $s(t_0)$. A expressão $|\mathrm{v}|\Delta t$ é a área do retângulo de altura $|\mathrm{v}|$ e base de tamanho Δt.

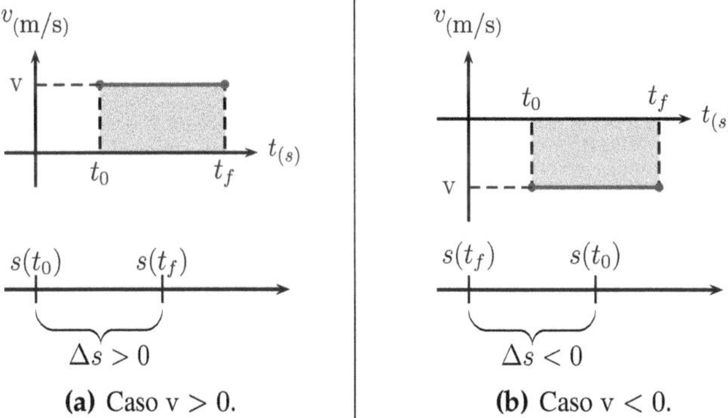

Figura 1.6: Estudo de casos pela fórmula $\Delta s = \mathrm{v}\Delta t$ e a sua relação com a área sob o gráfico.

Supomos agora que o carro anda em movimento uniforme com velocidade v_1 nos instantes t_0 até t_1 e, no instante t_1, ganha um impulso, de modo que de t_1 até t_f, tenha velocidade constante v_2. A distância percorrida é dada por

$$\Delta s_{t_0 \to t_f} = \Delta s_{t_0 \to t_1} + \Delta s_{t_1 \to t_f} = v_1 \Delta t_1 + v_2 \Delta t_2,$$

em que $\Delta t_1 = t_1 - t_0$ e $\Delta t_2 = t_f - t_1$. Note que se $v_1 > 0$ e $v_2 > 0$, então $\Delta s_{t_0 \to t_f}$ é a área da região entre o gráfico da velocidade e o eixo t, em que quais $t_0 \leq t \leq t_f$.

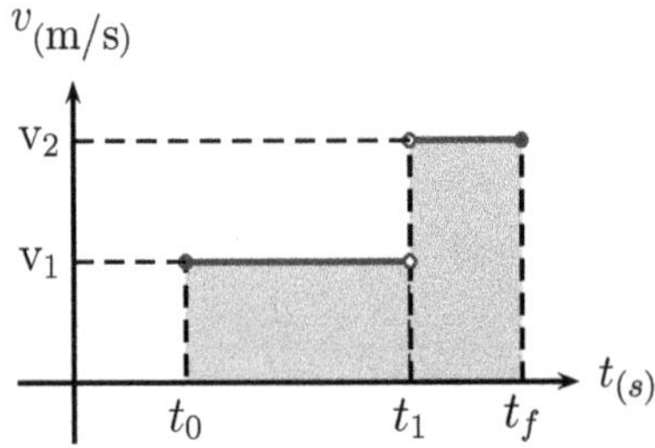

Figura 1.7: Movimento subdividido em dois movimentos retilíneos uniformes.

Supomos agora que o carro anda em movimento uniforme em 3 partes distintas do trecho, com velocidade v_1 entre t_0 e t_1; v_2 entre t_1 e t_2; v_3 entre t_2 e t_f. A distância percorrida é dada por

$$\Delta s_{t_0 \to t_f} = \Delta s_{t_0 \to t_1} + \Delta s_{t_1 \to t_2} + \Delta s_{t_2 \to t_f} = v_1 \Delta t_1 + v_2 \Delta t_2 + v_3 \Delta t_3,$$

em que $\Delta t_1 = t_1 - t_0$, $\Delta t_2 = t_2 - t_1$ e $\Delta t_3 = t_f - t_2$. A distância percorrida é a área da região entre o gráfico da velocidade (caso $v_1, v_2, v_3 > 0$) e o eixo t, com $t_0 \leq t \leq t_f$.

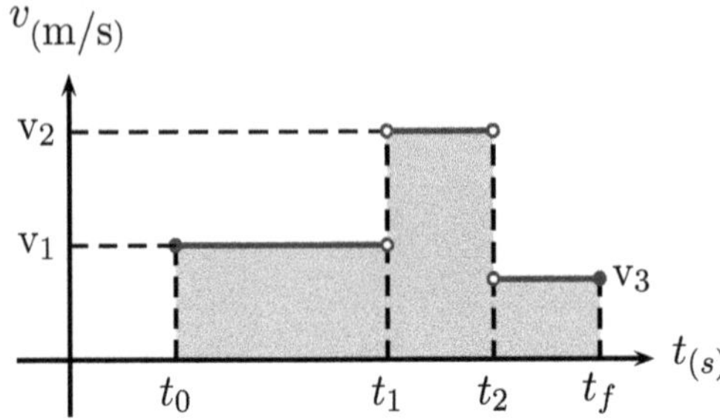

Figura 1.8: Movimento subdividido em três movimentos retilíneos uniformes.

Consideremos agora um movimento não uniforme, em que v é uma função qualquer de t. Para fixar as ideias, vamos supor que $v(t) \geq 0$. Imaginemos o intervalo $[t_0, t_f]$ subdividido em um grande número de pequenos intervalos $[t_0, t_1], [t_1, t_2], \cdots, [t_{n-1}, t_f]$. Por exemplo, se $n = 3$, dividimos o intervalo $[t_0, t_f]$ em 3 subintervalos.

Em cada um dos intervalos $[t_i, t_{i+1}]$, escolhemos c_i, tal que $v(c_i)$ seja o *representante* marcado no velocímetro do carro. Daí, $\Delta s_{t_{i-1}\to t_i} \simeq v(c_i)\Delta t_i$, em que $\Delta t_i = t_i - t_{i-1}$, e, portanto,

$$\begin{aligned}\Delta s_{t_0\to t_f} &= \Delta s_{t_0\to t_1} + \Delta s_{t_1\to t_2} + \Delta s_{t_2\to t_3} + \ldots + \Delta s_{t_{n-1}\to t_f}\\ &\simeq v(c_1)\,\Delta t_1 + v(c_2)\Delta t_2 + v(c_3)\Delta t_3 + \ldots + v(c_n)\Delta t_n.\end{aligned}$$

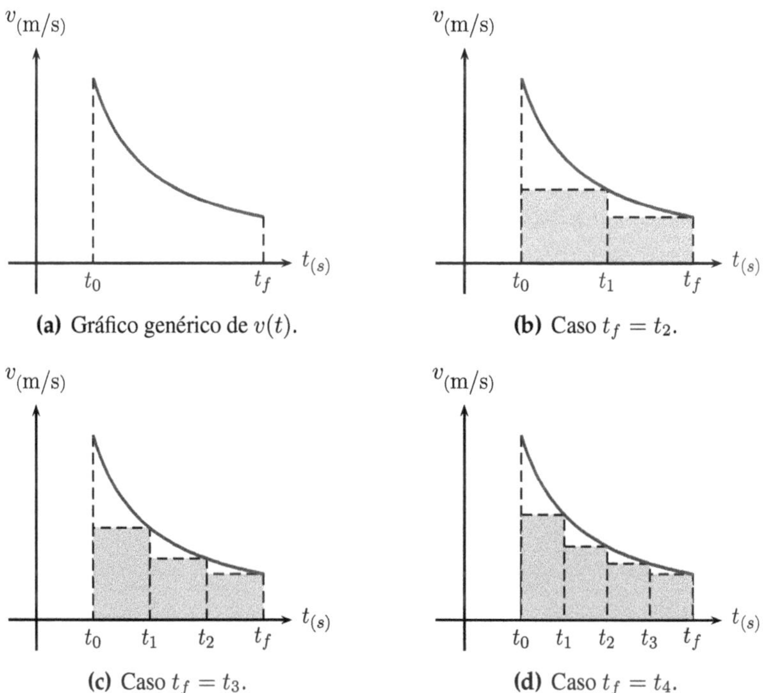

(a) Gráfico genérico de $v(t)$.

(b) Caso $t_f = t_2$.

(c) Caso $t_f = t_3$.

(d) Caso $t_f = t_4$.

Figura 1.9: A soma das áreas do retângulo para o caso que escolhemos $c_i = t_i$.

Passando para a notação sigma, temos

$$\Delta s_{t_0\to t_f} \simeq \sum_{i=1}^{n} v(c_i)\Delta t_i.$$

Se os subintervalos $[t_{i-1}, t_i]$ forem suficientemente pequenos, podemos supor que a velocidade do carro seja constante em cada um dos subintervalos. Isto significa que, se olharmos o velocímetro por menos de um segundo, *parece* que o velocímetro está parado.

Matematicamente, à medida que as subdivisões Δt_i ficam menores, mais preciso será o valor do deslocamento total e espera-se, pelo método de exaustão, que o somatório convirja para o valor real do deslocamento total.

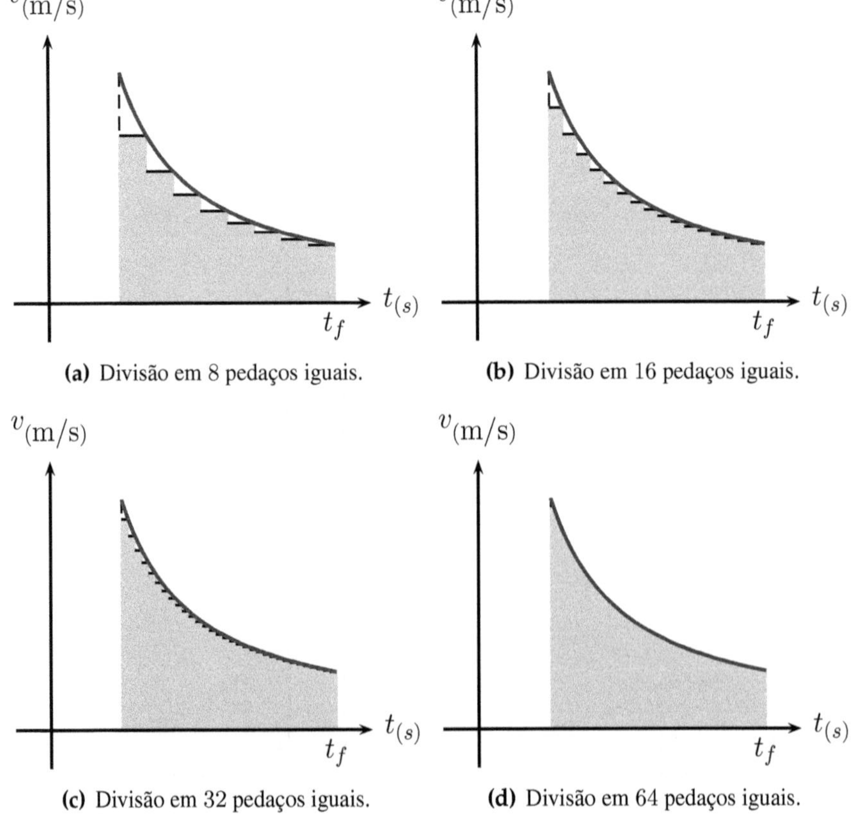

Figura 1.10: A soma das áreas dos retângulos se confunde com a área sob o gráfico se as medidas dos subintervalos $[t_{i-1}, t_i]$ forem "pequenas suficiente".

Utilizaremos, portanto, a seguinte notação, criada por Leibniz,

$$s(t_f) - s(t_0) = \Delta s_{t_0 \to t_f} = \int_{t_0}^{t_f} v(t)\mathrm{d}t.$$

O símbolo $\int$ de integral é uma deformação do S de soma.

Voltemos ao nosso exemplo inicial $v(t) = \dfrac{t(60-t)}{30}$. As figuras abaixo mostram o comportamento da expressão $\sum_{i=1}^{n} v(c_i)\Delta t_i$ conforme Δt_i for diminuindo, em que o c_i é o ponto médio do intervalo $[t_{i-i}, t_i]$.

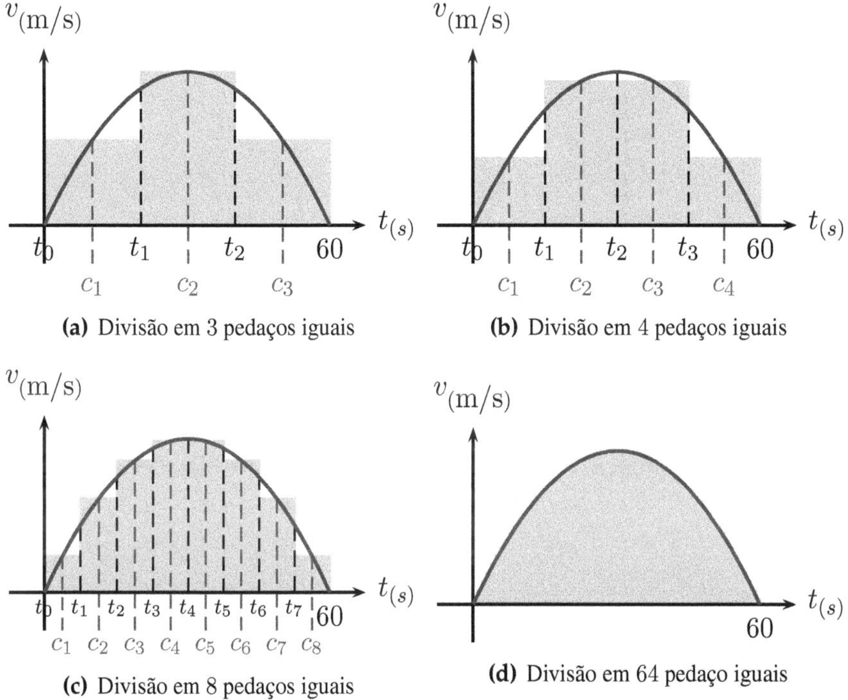

(a) Divisão em 3 pedaços iguais

(b) Divisão em 4 pedaços iguais

(c) Divisão em 8 pedaços iguais

(d) Divisão em 64 pedaço iguais

Figura 1.11: Escolhemos c_i como sendo o ponto médio do intervalo $[t_{i-1}, t_i]$.

Geometricamente, significa que o deslocamento total é a área da região delimitada pelo gráfico de v, o eixo t e as retas $t = t_0$ e $t = t_f$. Veremos no exemplo 1.3.13 que a resposta é 1.200 m.

No caso de a velocidade ficar negativa em um intervalo, podemos pensar que o veículo está andando de marcha-ré, mas independentemente, vale a fórmula

$$s(t_f) - s(t_0) = \int_{t_0}^{t_f} v(t)\mathrm{d}t.$$

Geometricamente, a integral calcula a diferença entre *a área de cima* e *a área de baixo*. A área é sempre um número positivo. A integral só tem a interpretação geométrica de área se a função $v(t)$ satisfaz $v(t) \geq 0$ para todo $t \in [t_0, t_f]$.

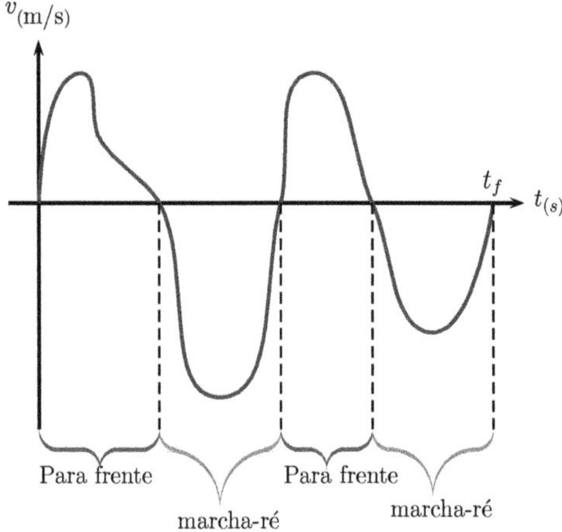

Figura 1.12: Interpretação física da velocidade *negativa*

Pela mesma lógica, temos a seguinte relação entre a aceleração e a velocidade

$$v(t_f) - v(t_0) = \int_{t_0}^{t_f} a(t)\mathrm{d}t.$$

Uma pequena aplicação dessas ideias é resolver um exercício com movimento retilíneo uniformemente variado (sem aplicação de fórmula).

Exemplo 1.2.1: Suponha que um carro, partindo do repouso, se desloca com aceleração constante de $2\,\mathrm{m/s}^2$ no intervalo 0 a 10 segundos. Qual é o deslocamento total?

Lembremos que um veículo partir do repouso significa que $v_0 = 0$. Lembremos a fórmula aprendida no ensino médio de movimento retilíneo uniformemente acelerado

$$s(t) = s_0 + v_0 t + \frac{at^2}{2} = s_0 + t^2.$$

Fazendo $t = 10$, temos que $\Delta s = s(10) - s_0 = 100$ metros. Vamos encontrar a mesma resposta, mas aplicando as ideias desta seção.

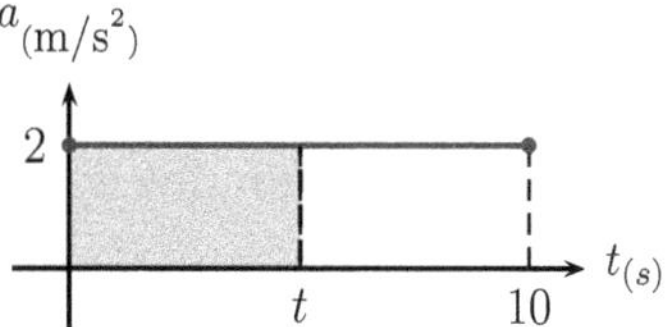

Figura 1.13: Gráfico da aceleração com o tempo.

Como $a(t) > 0$, temos que $\Delta v_{0\to t}$ é a área da região delimitada pelo gráfico de $a(t)$ (em relação ao tempo) e pelas retas "$t = 2$", "$t = t$" e o eixo t.

Daí, chegamos à fórmula $\Delta v_{0\to t} = 2t$.

Como $\Delta v_{0\to t} = v(t) - v_0$ e $v_0 = 0$, temos $v(t) = 2t$. Como $v(t) \geq 0$ para todo $t \in [0, 10]$, temos que $\Delta s_{0\to 10}$ é a área da região delimitada pelo gráfico de $v(t)$, o eixo t e as retas $t = 0$ e $t = 10$.

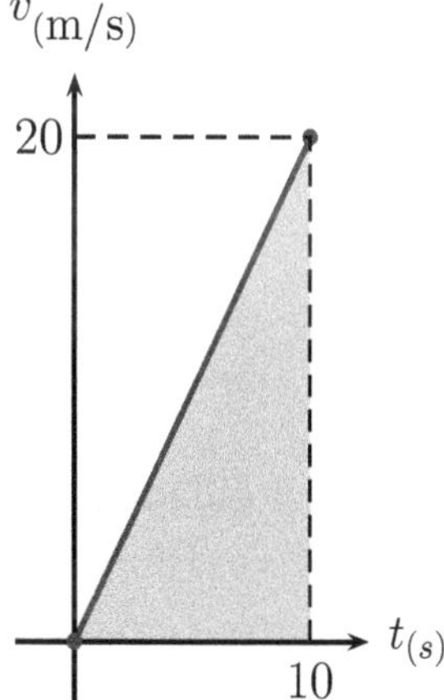

Figura 1.14: A reta $v(t) = 2t$.

Temos, portanto, que $\Delta s_{0\to 10} = \dfrac{b \times h}{2} = \dfrac{10 \times 20}{2} = 100$ metros.

Exercícios

1. Encontre o valor da soma de cada um dos itens abaixo.

a) $\sum_{i=1}^{5} i^2$ b) $\sum_{j=1}^{6} 2^j$ c) $\sum_{k=1}^{100} 3$

d) $\sum_{n=1}^{10} (-1)^n$ e) $\sum_{k=1}^{151} (-1)^k$ f) $\sum_{k=1}^{100} \left(1 + (-1)^k\right)$

g) $\sum_{k=1}^{4} k^k$ h) $\sum_{i=3}^{8} i^2$ i) $\sum_{n=5}^{10} (-2)^{n-2}$

2. Passe os somatórios abaixo para a notação sigma.

a) $1 + 3 + 5 + 7 + 9 + 11$ b) $1 - 3 + 5 - 7 + 9 - 11$

c) $2^3 + 3^3 + 4^3 + 5^3 + \ldots + 20^3$ d) $2^4 + 2^5 + 2^6 + \ldots + 2^{15}$

e) $\frac{1}{2} + \frac{1}{3} + \frac{1}{4} + \ldots + \frac{1}{10}$ f) $\frac{1}{1} + \frac{3}{2} + \frac{5}{3} + \frac{7}{4} + \frac{9}{5} + \frac{11}{6}$

g) $\frac{1}{2} - \frac{1}{4} + \frac{1}{6} - \frac{1}{8} + \frac{1}{10}$ h) $3^2 - 4^2 + 5^2 - 6^2 + 7^2 - 8^2$

3. Suponha que um carro com velocidade de $10\,\mathrm{m/s}$ acelera por 5 segundos com aceleração constante de $3\,\mathrm{m/s^2}$. Qual o deslocamento total neste intervalo?

4. Suponha que uma particula parte do repouso e com aceleração dada, no SI, pela equação $a(t) = 2t + 3$. Encontre a velocidade da partícula no instante em que $t = 5$ segundos.

Respostas

Exercício 1

a) 55 b) 126 c) 300

d) 0 e) -1 f) 100

g) 288 h) 199 i) 168

Exercício 2

Nesta questão, há várias soluções possíveis. Vamos apresentar duas delas em cada item.

a) $\sum_{k=1}^{6}(2k-1); \sum_{k=0}^{5}(2k+1)$ b) $\sum_{k=1}^{6}(-1)^{k+1}(2k-1); \sum_{k=0}^{5}(-1)^{k}(2k+1)$

c) $\sum_{n=1}^{19}(n+1)^3; \sum_{n=2}^{20}n^3$ d) $\sum_{n=1}^{12}2^{n+3}; \sum_{n=4}^{15}2^n$

e) $\sum_{i=1}^{9}\frac{1}{i+1}; \sum_{i=2}^{10}\frac{1}{i}$ f) $\sum_{i=1}^{6}\frac{2i-1}{i}; \sum_{i=0}^{5}\frac{2i+1}{i+1}$

g) $\sum_{j=1}^{5}\frac{(-1)^{j+1}}{2j}; \sum_{j=2}^{6}\frac{(-1)^{j}}{(2j-2)}$ h) $\sum_{j=0}^{5}(-1)^{j}(j+3)^2; \sum_{j=1}^{6}(-1)^{j+1}(j+2)^2$

Exercício 3

$\Delta s = 87,5\,\mathrm{m}$

Exercício 4

$v(5) = 40\,\mathrm{m/s}$

1.3 Integrais de Polinômios

Vimos, na seção anterior, uma motivação com a física para o cálculo de integrais e introduzimos a notação de Leibniz $\int_a^b f(t)\mathrm{d}t$. Neste caso, a variável t é apenas uma letra auxiliar e pode ser mudada por qualquer outra letra:

$$\int_a^b f(t)\,\mathrm{d}t = \int_a^b f(x)\,\mathrm{d}x = \int_a^b f(u)\,\mathrm{d}u.$$

Nesta seção, apresentaremos fórmulas para integrais polinomiais.

Teorema 1.3.1: Fórmulas Básicas

Sejam $f, g : [a, b] \to \mathbb{R}$ funções polinomiais, então

1. $\displaystyle\int_a^b (f(x) + g(x))\,\mathrm{d}x = \int_a^b f(x)\,\mathrm{d}x + \int_a^b g(x)\,\mathrm{d}x.$
2. $\displaystyle\int_a^b (f(x) - g(x))\,\mathrm{d}x = \int_a^b f(x)\,\mathrm{d}x - \int_a^b g(x)\,\mathrm{d}x.$
3. $\displaystyle\int_a^b kf(x)\,\mathrm{d}x = k\int_a^b f(x)\,\mathrm{d}x$, em que $k \in \mathbb{R}$.
4. $\displaystyle\int_a^b k\,\mathrm{d}x = k(b-a).$
5. $\displaystyle\int_a^b x^n\,\mathrm{d}x = \frac{b^{n+1} - a^{n+1}}{n+1}$, em que $n \in \mathbb{N}$.

Demonstração:

As provas dos itens 1 até 4 serão feitas com o devido rigor no capítulo 3. Para o leitor se convencer da validade, verifique para o item 3 que

$$\sum_{i=1}^{n} kf(c_i)\Delta x_i = k\sum_{i=1}^{n} f(c_i)\Delta x_i.$$

A demonstração do item 5 se encontra no apêndice deste capítulo.

Para organização, no item 5, escrevemos

$$\int_a^b x^n \,\mathrm{d}x = \left.\frac{x^{n+1}}{n+1}\right|_a^b = \frac{b^{n+1}}{n+1} - \frac{a^{n+1}}{n+1}.$$

Exemplo 1.3.2: Vamos calcular $\displaystyle\int_1^2 2x^2 \,\mathrm{d}x$.

$$\int_1^2 2x^2 \,\mathrm{d}x = 2\int_1^2 x^2 \,\mathrm{d}x = 2\left(\left.\frac{x^3}{3}\right|_1^2\right) = 2\left(\frac{2^3}{3} - \frac{1^3}{3}\right) = 2\left(\frac{7}{3}\right) = \frac{14}{3}.$$

Exemplo 1.3.3: Vamos calcular $\displaystyle\int_0^5 (x^2 - x) \,\mathrm{d}x$.

$$\begin{aligned}\int_0^5 (x^2 - x)\,\mathrm{d}x &= \int_0^5 x^2 \,\mathrm{d}x - \int_0^5 x \,\mathrm{d}x \\ &= \left.\frac{x^3}{3}\right|_0^5 - \left.\frac{x^2}{2}\right|_0^5 = \left(\frac{5^3}{3} - \frac{0^3}{3}\right) - \left(\frac{5^2}{2} - \frac{0^2}{2}\right) \\ &= \frac{125}{3} - \frac{25}{2} = \frac{175}{6}.\end{aligned}$$

Definição 1.3.4: Primitivas de Polinômios

Seja $f : \mathbb{R} \to \mathbb{R}$ polinômio. Dizemos que o polinômio F é *primitiva* de f se para todo $a, b \in \mathbb{R}$, tem-se

$$\int_a^b f(x)\,\mathrm{d}x = F(b) - F(a).$$

Exemplo 1.3.5: O polinômio $F(x) = \dfrac{x^{n+1}}{n+1}$ é uma primitiva da função $f(x) = x^n$. Note que $G(x) = \dfrac{x^{n+1}}{n+1} + 1$ é primitiva de f, pois vale $G(b) - G(a) = F(b) - F(a)$.

Mais geralmente, todo polinômio da forma $\dfrac{x^{n+1}}{n+1} + C$, com $C \in \mathbb{R}$ é primitiva de f.

Exemplo 1.3.6: O polinômio $F(x) = x$ é primitiva do polinômio constante $f(x) = 1$. Todo polinômio da forma $x + C$ é primitiva da f.

Exemplo 1.3.7: A função $F(x) = x^3$ é primitiva da função $f(x) = 3x^2$. Todo polinômio da forma $x^3 + C$, com $C \in \mathbb{R}$ é primitiva de f.

Teorema 1.3.8: Propriedade das Primitivas

Sejam f, g polinômios e F, G as primitivas de f e g, respectivamente. Então

1. $F + G$ é primitiva de $f + g$.
2. kF é primitiva de kf, onde $k \in \mathbb{R}$.

Demonstração:

1. Seja $H(x) = F(x) + G(x)$. Queremos provar que

$$\int_a^b \big(f(x) + g(x)\big)\,\mathrm{d}x = H(b) - H(a).$$

Basta expandir as contas para a demonstração...

$$\begin{aligned}\int_a^b \big(f(x) + g(x)\big)\,\mathrm{d}x &= \int_a^b f(x)\,\mathrm{d}x + \int_a^b g(x)\,\mathrm{d}x \\ &= F(b) - F(a) + G(b) - G(a) \\ &= F(b) + G(b) - \big(F(a) + G(a)\big) \\ &= H(b) - H(a).\end{aligned}$$

2. Seja $H(x) = kF(x)$, então

$$\begin{aligned}\int_a^b kf(x)\,\mathrm{d}x &= k\int_a^b f(x)\,\mathrm{d}x \\ &= k(F(b) - F(a)) \\ &= H(b) - H(a).\end{aligned}$$

Exemplo 1.3.9: Todo polinômio da forma $F(x) = \dfrac{x^3}{3} - \dfrac{x^2}{2} + C$, com $C \in \mathbb{R}$, é primitiva de $f(x) = x^2 - x$, feita no exemplo 1.3.3 (verifique!).

É possível mostrar que se $F(x)$ é uma primitiva da f, então *todas* as primitivas de f são da forma $F(x)+C$, com $C \in \mathbb{R}$. Veremos no capítulo 2 a demonstração desse fato. Usaremos a notação $\int f(x)\,\mathrm{d}x$ para representar todas as primitivas de f e a chamamos de *integral indefinida* de f. Em outras palavras, temos

$$\int f(x)\,\mathrm{d}x = F(x) + C.$$

O teorema 1.3.8 diz que vale

$$\int (f(x) + g(x))\,\mathrm{d}x = \int f(x)\,\mathrm{d}x + \int g(x)\,\mathrm{d}x.$$

Este resultado pode ser generalizado para um número finito de termos, isto é, dados f, g e h, temos que

$$\int (f(x) + g(x) + h(x))\,\mathrm{d}x = \int f(x)\,\mathrm{d}x + \int g(x)\,\mathrm{d}x + \int h(x)\,\mathrm{d}x.$$

Chamamos $\int_a^b f(x)\,\mathrm{d}x$ de *integral definida* de f.

Recomendamos a nossa videoaula Primeiros Exemplos de Primitivas - Polinômios. Neste vídeo, fazemos 4 exemplos de integração com polinômios, em que vamos *naturalizando* o teorema 1.3.8. Colocaremos alguns exemplos para que o leitor observe o padrão.

Exemplo 1.3.10:

1. $\displaystyle\int x^n\,\mathrm{d}x = \frac{x^{n+1}}{n+1} + C.$
2. $\displaystyle\int (x^3 + x^2)\,\mathrm{d}x = \frac{x^4}{4} + \frac{x^3}{3} + C.$
3. $\displaystyle\int (5x^4 - 4x^3 + 3x^2)\,\mathrm{d}x = 5\cdot\frac{x^5}{5} - 4\cdot\frac{x^4}{4} + 3\cdot\frac{x^3}{3} + C = x^5 - x^4 + x^3 + C.$

Como já dito no começo desta seção, quando colocamos os limites da integração, a variável da função não tem importância, isto é,

$$\int_a^b f(t)\mathrm{d}t = \int_a^b f(x)\mathrm{d}x = \int_a^b f(u)\mathrm{d}u.$$

Para integrais indefinidas, devemos manter a variável de integração.

1. $\displaystyle\int \left(t^2 - 2t\right) \mathrm{d}t = \frac{t^3}{3} - t^2 + C,$

2. $\displaystyle\int \left(4u^3 - 3u^2 + 2\right) \mathrm{d}u = u^4 - u^3 + 2u + C,$

3. $\displaystyle\int \left(2v^4 - 6v^2 + 6v - 1\right) \mathrm{d}v = \frac{2v^5}{5} - 2v^3 + 3v^2 - v + C.$

4. $\displaystyle\int \left(y^3 - 2y^5 + 7y\right) \mathrm{d}y = \frac{y^4}{4} - \frac{2y^5}{5} + \frac{7y^2}{2} + C$

Exemplo 1.3.11: Considere uma partícula em movimento retilíneo uniforme como velocidade v e posição inicial $s(0) = s_0$. Temos que $s(t)$ é primitiva de v. Por outro lado, sabemos que

$$\int v \, \mathrm{d}t = vt + C.$$

Logo existe $C \in \mathbb{R}$ tal que $s(t) = vt + C$. Fazendo $t = 0$, temos que $s_0 = s(0) = v \cdot 0 + C = C$ e isso mostra que

$$s(t) = s_0 + vt.$$

O próximo exemplo é feito na videoaula Aplicação de Integral - Movimento Retilíneo.

Exemplo 1.3.12: Considere uma partícula andando em movimento retilíneo uniformemente variado com $s(0) = s_0$, $v(0) = v_0$ e aceleração constante a. Temos que $v(t)$ é primitiva de a. Por outro lado, sabemos que

$$\int a \, \mathrm{d}t = at + C.$$

Logo existe $C \in \mathbb{R}$ tal que $v(t) = at + C$. Fazendo $t = 0$, temos que $v_0 = v(0) = a \cdot 0 + C = C$ e isso mostra que

$$v(t) = v_0 + at.$$

Integrando novamente, temos $\displaystyle\int \left(v_0 + at\right) \mathrm{d}t = v_0 t + a \cdot \frac{t^2}{2} + C.$

Daí, $s(t) = C + v_0 t + \frac{at^2}{2}$ para algum $C \in \mathbb{R}$. Fazendo $t = 0$, temos que $C = s_0$. Logo

$$s(t) = s_0 + v_0 t + \frac{at^2}{2}.$$

Exemplo 1.3.13: Suponha que a velocidade do veículo no intervalo de $[0, 60]$ seja dada pela função $v(t) = \frac{t(60 - t)}{30}$, em que t é medido em segundos e v é medida em $\mathrm{m/s}$. O deslocamento total é dado por

$$\begin{aligned}
\Delta s = \int_0^{60} v(t)\,\mathrm{d}t &= \int_0^{60} \frac{t(60-t)}{30}\,\mathrm{d}t = \frac{1}{30}\int_0^{60} (60t - t^2)\,\mathrm{d}t \\
&= \frac{1}{30}\left(60 \cdot \frac{t^2}{2} - \frac{t^3}{3}\right)\Bigg|_0^{60} = \frac{1}{30}\left(60 \cdot \frac{60^2}{2} - \frac{60^3}{3}\right) \\
&= \frac{60^3}{30}\left(\frac{1}{2} - \frac{1}{3}\right) = 2 \times 60^2\left(\frac{1}{6}\right) = 1200.
\end{aligned}$$

Logo o veículo se deslocou 1.200 metros.

Exercícios

1. Resolva cada uma das integrais definidas.

a) $\int_1^3 2x^2 \, \mathrm{d}x$ b) $\int_0^1 (4x^3 + 2x + 3) \, \mathrm{d}x$ c) $\int_0^4 (2x^2 + 3x) \, \mathrm{d}x$

d) $\int_2^4 (x^3 - 2x) \, \mathrm{d}x$ e) $\int_1^2 (v^4 - 2v + 1) \, \mathrm{d}v$ f) $\int_{-1}^2 (2x+1)^2 \, \mathrm{d}x$

g) $\int_{-2}^{-1} (t^2+1)^2 \, \mathrm{d}t$ h) $\int_{-1}^1 (x^5 - 2x^3 + 3x) \, \mathrm{d}x$ i) $\int_{-2}^3 (u+1)^3 \, \mathrm{d}u$

2. Resolva cada uma das integrais indefinidas abaixo.

a) $\int (5x^2 + 7x + 1) \, \mathrm{d}x$ b) $\int (x^3 - 3x^2 - 5x + 2) \, \mathrm{d}x$

c) $\int (t^5 - t^4 + 2t^3 - 1) \, \mathrm{d}t$ d) $\int (3t^3 + 2)^2 \, \mathrm{d}t$

e) $\int (u^2 - 1)^3 \, \mathrm{d}u$ f) $\int (w+1)(w^2 - w + 1) \, \mathrm{d}w$

3. Seja $v(t) = (t+1)(t+2)(t+3)$ a função que modela a velocidade de uma partícula, em que t é dado em segundos e v em m/s.

a) Encontre o deslocamento total da partículo de $t = 0$ até $t = 4$ segundos.

b) Encontre o deslocamento total da partícula de $t = 1$ até $t = 3$ segundos.

c) Suponha que a posição inicial da partícula seja $s_0 = 5\,\mathrm{m}$. Encontre a equação geral do movimento da partícula.

4. Uma partícula tem a equação da aceleração dada por $a(t) = 6t - 4$. Sabendo que $v_0 = 2$ e $s_0 = 1$, encontre a equação posição. Todas as unidades estão em SI (Sistema Internacional - metros, segundos, etc).

Respostas

Sugerimos o Geogebra CAS Calculator, disponível para android, mas também pode ser acessado em `https://www.geogebra.org/cas?lang=pt`.

Exercício 1

a) $\frac{52}{3}$ b) 5 c) $\frac{200}{3}$

d) 48 e) $\frac{21}{5}$ f) 21

g) $\frac{178}{15}$ h) 0 i) $\frac{255}{4}$

Exercício 2

a) $\frac{5x^3}{3} + \frac{7x^2}{2} + x + C$ b) $\frac{x^4}{4} - x^3 - \frac{5x^2}{2} + 2x + C$

c) $\frac{t^6}{6} - \frac{t^5}{5} + \frac{t^4}{2} - t + C$ d) $\frac{9t^7}{7} + 3t^4 + 4t + C$

e) $\frac{u^7}{7} - \frac{3u^5}{5} + u^3 - u + C$ f) $\frac{w^4}{4} + w + C$

Exercício 3

a) $s_{0\to4} = 304\,\text{m}$

b) $s_{1\to3} = 128\,\text{m}$

c) $s(t) = \frac{t^4}{4} + 2t^3 + \frac{11t^2}{2} + 6t + 5$

Exercício 4

$s(t) = 1 + 2t - 2t^2 + t^3$

1.4 Cálculo de Área

Na seção 1.2, vimos que dado $f : [a, b] \to \mathbb{R}$, trabalhamos com a soma $\sum_{i=1}^{n} f(c_i)\Delta x_i$, onde $\{x_0 = a, x_1, \cdots, x_n = b\}$ é uma partição de $[a, b]$ em n pedaços e $\Delta x_i = x_i - x_{i-1}$.

Se para todo i, o tamanho Δx_i for cada vez menor, esperamos que o somatório *convirja* para um valor real que denotamos por $\int_a^b f(x)\,\mathrm{d}x$. Mais ainda, se $f(x) \geq 0$ para todo $x \in [a, b]$, então $f(c_i)\Delta x_i$ é a área do retângulo de base Δx_i e altura $f(c_i)$ e a soma destas áreas *converge* para a área da região delimitada pelo gráfico de f, o eixo x e as retas $x = a$ e $x = b$.

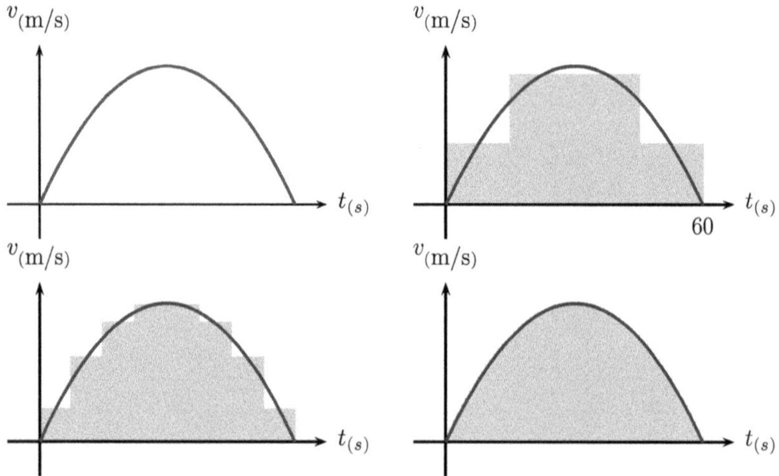

Figura 1.15: A soma das áreas dos retângulos.

O interessante da notação de Leibniz é que $f(x)$ pode ser pensada como altura do retângulo, enquanto $\mathrm{d}x$ como a medida da base, esta medida pode ser interpretada como *distância infinitesimal*, que significa que é tão pequena quanto se queira.

Sugerimos a nossa videoaula Exemplos de Cálculo de Área. Avisamos que este vídeo tem um pequeno erro no terceiro exemplo.

Exemplo 1.4.1: Vamos encontrar a área da região delimitada pela parábola $y = x^2$, o eixo x e as retas $x = 1$ e $x = 3$.

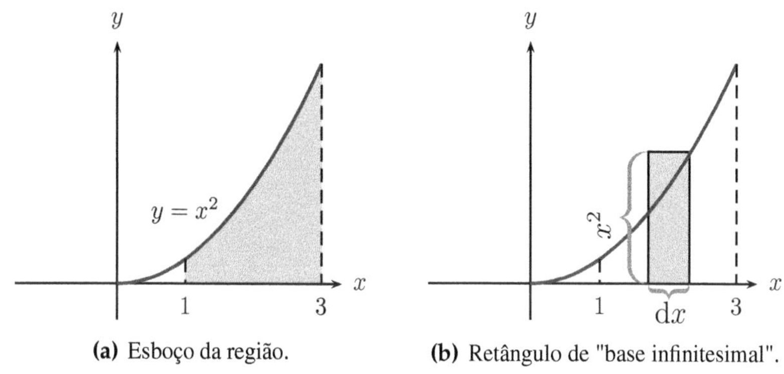

(a) Esboço da região. **(b)** Retângulo de "base infinitesimal".

Figura 1.16: A área de região e o retângulo infinitesimal.

É importante imaginarmos o retângulo *com base infinitesimal*. Vemos que a altura é x^2 e a base é $\mathrm{d}x$. Temos que a área é dada por

$$\int_1^3 x^2\,\mathrm{d}x = \frac{x^3}{3}\bigg|_1^3 = \frac{3^3}{3} - \frac{1}{3} = \frac{26}{3}.$$

Exemplo 1.4.2: Vamos encontrar a área da região delimitada pela parábola $y = x^2$ e pela reta $y = 4$.

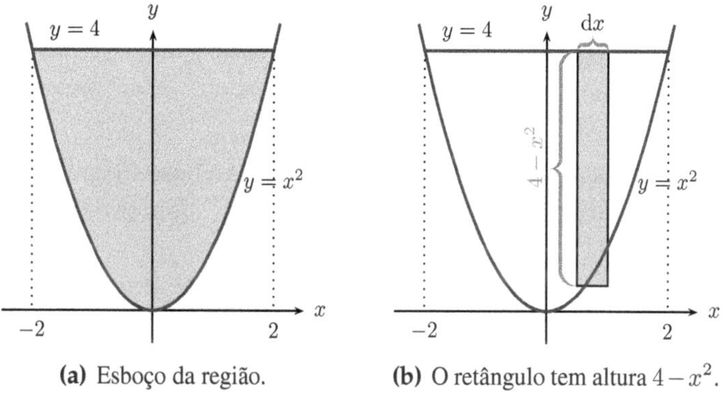

(a) Esboço da região. **(b)** O retângulo tem altura $4 - x^2$.

Figura 1.17: A região de integração e o pensamento do retângulo infinitesimal.

Observe na figura que a altura do retângulo é sempre a *parte de cima* subtraída da *parte de baixo*, então a altura é dada por $4 - x^2$ e a base é $\mathrm{d}x$. Para encontrar os limites de integração, precisamos encontrar os pontos de interseção da parábola $y = x^2$ e a reta $y = 4$ e, para isso, basta igualar as duas expressões: $y = x^2 = 4$, e daí, $x = \pm 2$. A área da região é dada por

$$\begin{aligned}\int_{-2}^{2} (4 - x^2)\,\mathrm{d}x &= \left(4x - \frac{x^3}{3}\right)\Bigg|_{-2}^{2} \\ &= \left(8 - \frac{8}{3}\right) - \left(-8 - \frac{-8}{3}\right) = \frac{16}{3} + \frac{16}{3} = \frac{32}{3}.\end{aligned}$$

Exemplo 1.4.3: Vamos determinar a área da região delimitada pela curva $y = x^3$ e pela reta $y = x$ restrita ao 1° quadrante.

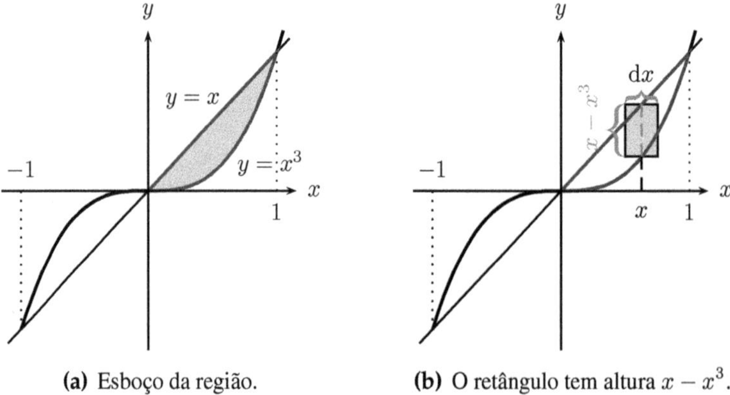

(a) Esboço da região. (b) O retângulo tem altura $x - x^3$.

Figura 1.18: A região de integração e o pensamento do retângulo infinitesimal.

Observe que a altura do retângulo é $x - x^3$ e a base é $\mathrm{d}x$. Para encontrar os limites de integração, basta igualar $x = x^3$. Temos então que

$$x^3 - x = 0 \;\Rightarrow\; x(x^2 - 1) = 0.$$

As raízes são, portanto, $x = 0$, $x = 1$ e $x = -1$. Como $x \geq 0$, vemos que os limites de integração são $x = 0$ e $x = 1$. Temos que a área é

$$\begin{aligned}\int_{0}^{1} (x - x^3)\,\mathrm{d}x &= \left(\frac{x^2}{2} - \frac{x^4}{4}\right)\Bigg|_{0}^{1} \\ &= \left(\frac{1^2}{2} - \frac{1^4}{4}\right) - \left(\frac{0^2}{2} - \frac{0^4}{4}\right) = \frac{1}{4}.\end{aligned}$$

Exemplo 1.4.4: Vamos encontrar a área da região delimitada pelo eixo x e a parábola $y = x^2 - 1$.

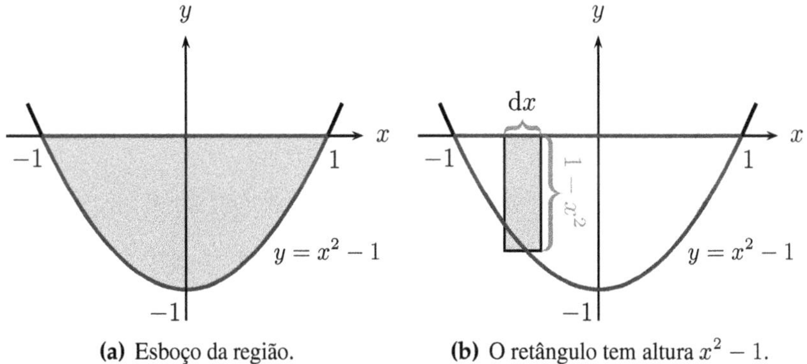

(a) Esboço da região. (b) O retângulo tem altura $x^2 - 1$.

Figura 1.19: A região de integração e o pensamento do retângulo infinitesimal.

Pela figura, observe que o eixo x está acima da parábola e a equação desta reta é dada por $y = 0$. Logo, a função de cima é $y = 0$, a função de baixo é $y = x^2 - 1$ e x varia de -1 até 1. Temos, portanto,

$$\begin{aligned} \int_{-1}^{1} (0 - (x^2 - 1))\,\mathrm{d}x = \int_{-1}^{1} (1 - x^2)\,\mathrm{d}x &= \left(x - \frac{x^3}{3}\right)\Bigg|_{-1}^{1} \\ &= \left(1 - \frac{1}{3}\right) - \left(-1 - \frac{(-1)^3}{3}\right) \\ &= \frac{2}{3} + \frac{2}{3} = \frac{4}{3}. \end{aligned}$$

Exercícios

1. Encontre a área das regiões descritas em cada um dos itens abaixo.

   a) Região delimitada pelas retas $y = 0$, $x = 2$, $x = 3$ e pela parábola dada pela equação $y = 3x^2$.

   b) Região delimitada pelas retas $y = 2x$, $y = -1$ e $x = 1$.

   c) Região delimitada pela parábola $y = 2x^2 + 1$ e pela reta $y = 3$.

   d) Região delimitada pela parábola $y = x^2 - 4x$ e o eixo x.

   e) Região delimitada pelas parábolas $y = x^2 - 4$ e $y = -2x^2 + 8$

   f) Região delimitada pela cúbica $y = x^3$ e pelas retas $x = 0$, $x = 1$ e $y = -1$.

Repostas

Exercício 1

a) 19 u.a.

b) $\frac{9}{4}$ u.a.

c) $\frac{8}{3}$ u.a.

d) $\frac{32}{3}$ u.a.

e) 32 u.a.

f) $\frac{5}{4}$ u.a.

Apêndice do Capítulo 2

1.A Fermat e o Cálculo de Áreas

Esta seção pode ser melhor apreciada pelo leitor como uma segunda leitura e deixamos como um apêndice do capítulo. Nesta seção, vamos mostrar que vale a fórmula $\int_a^b x^k = \frac{b^{k+1}}{k+1} - \frac{a^{k+1}}{k+1}$ com as ideias de Fermat. Para termos uma visão histórica, Fermat nasceu em 1607 e faleceu em 1667, enquanto Newton nasceu em 1642 e *criou* o cálculo aos 24 anos de idade, em 1667.

O trabalho de Fermat foi tão impressionante, que muitos historiadores consideram que Fermat foi o pai da Geometria Analítica (ao invés de Descartes) e também o *verdadeiro* criador do cálculo. Apesar do incrível trabalho e de ter tido várias ideias fascinantes, Fermat não percebeu o *teorema fundamental do cálculo*, que foi descoberto, independentemente por Leibniz e Newton.

A fórmula acima foi provada, historicamente, caso a caso com o valor de k especificado. O caso $k = 1$ é a conhecida área do triângulo, enquanto o caso $k = 2$ foi provado por Arquimedes, com o método da exaustão. Cavalieri conseguiu demonstrá-la para os casos $k = 3$ até $k = 9$, mas era um método geométrico extremamente trabalhoso que falhou para o caso $k = 10$. Pascal demonstrou o caso geral.

Fermat conseguiu simplificar a demonstração desta fórmula, usando apenas progressões geométricas. Vamos a esta demonstração interessante em que começamos fazendo o caso em que $a = 0$.

Fixe um valor r tal que $0 < r < 1$ e divida o intervalo $(0, b]$ em infinitos subintervalos da forma $[rb, b]$, $[r^2b, rb], \ldots, [r^nb, r^{n-1}b], \ldots$. Em cada subintervalo $I_n = [r^nb, r^{n-1}b]$, seja R_n a área do retângulo de base I_n e altura $(r^nb)^k$. As figuras abaixo mostram como a serão feitas as aproximações da área por retângulos para vários valores da razão.

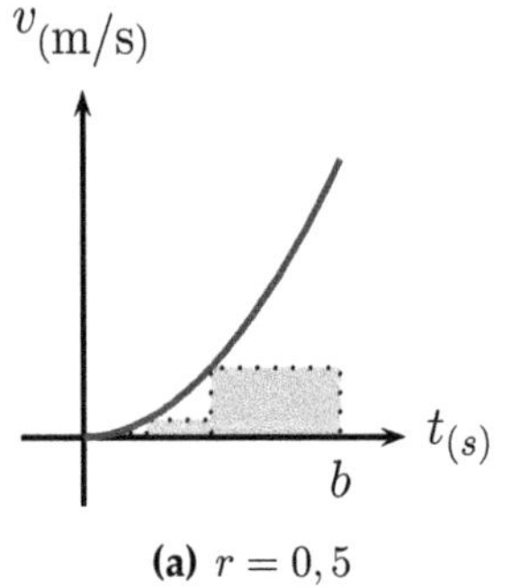

(a) $r = 0,5$

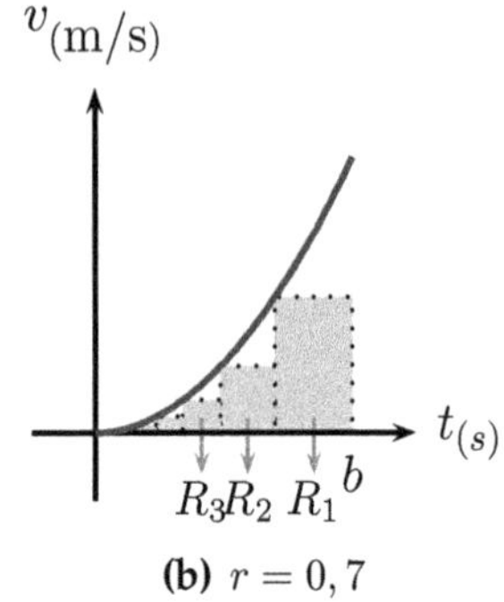

(b) $r = 0,7$

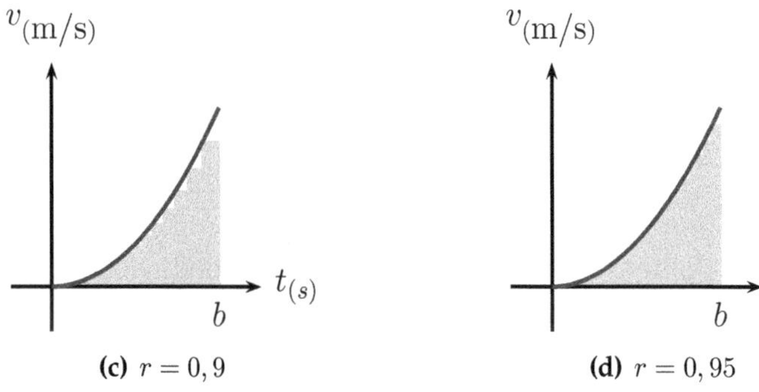

(c) $r = 0,9$ (d) $r = 0,95$

Figura 1.20: A soma das áreas dos retângulos se aproximam a área da região sob o gráfico de $y = x^n$ à medida que r se aproxima de 1.

Para cada n, a área do retângulo R_n é dada pela expressão

$$R_n = (r^{n-1}b - r^n b)r^{kn}b^k = br^n\left(\frac{1}{r} - 1\right)r^{kn}b^k = b^{k+1}\left(\frac{1-r}{r}\right)(r^{k+1})^n.$$

Temos, portanto,

$$R_1 + R_2 + \ldots + R_n + \ldots = b^{k+1}\left(\frac{1-r}{r}\right)[1 + r^{k+1} + (r^{k+1})^2 + \ldots + (r^{k+1})^n + \ldots]$$

Lembrando a fórmula da soma infinita $(1 + q + q^2 + \ldots + q^n + \ldots) = \dfrac{1}{1-q}$, se $-1 < q < 1$ e substituindo q por r^{k+1}, temos

$$R_1 + R_2 + \ldots + R_n + \ldots = \frac{b^{k+1}(1-r)}{r(1-r^{k+1})}$$

A soma finita de uma progressão geométrica é dada por

$$1 + r + r^2 + \ldots + r^k = \frac{r^{k+1} - 1}{r - 1} = \frac{1 - r^{k+1}}{1 - r},$$

daí, temos que

$$R_1 + R_2 + \ldots + R_n + \ldots = \frac{b^{k+1}}{r + r^2 + r^3 + r^4 + \ldots + r^{k+1}}.$$

À medida que r se aproxima de 1, a soma das áreas dos retângulos se aproxima melhor da área da região abaixo do gráfico da função $f(x) = x^k$

para $x = 0$ até $x = b$ e, portanto, é razoável esperar que se substituirmos $r = 1$ na expressão da soma da área, então

$$\int_0^b x^k \, \mathrm{d}x = \frac{b^{k+1}}{1 + 1^2 + 1^3 + 1^4 + \ldots + 1^{k+1}} = \frac{b^{k+1}}{k+1}.$$

A fórmula do item 5 do teorema 1.3.8 pode ser deduzida por interpretação geométrica. Por exemplo se $0 < a < b$, temos que

$$\int_a^b x^k \, \mathrm{d}x = \int_0^b x^k \, \mathrm{d}x - \int_0^a x^k \, \mathrm{d}x = \frac{b^{k+1}}{k+1} - \frac{a^{k+1}}{k+1}.$$

O caso $a < 0$, deixamos como exercício ao leitor. Será necessário separar os casos em que k é par e k é impar.

É importante observar que, com as devidas modificações, a demonstração de Fermat funciona para os casos em que $k \in \mathbb{Q}$ e $k \neq -1$.

O caso $k = -1$ não funciona e o estudo da integral $\int \frac{1}{x} \, \mathrm{d}x$ foi a principal motivação de estudar função logaritmo do ponto de vista do cálculo.

Caso o leitor se indague se Fermat tinha percebido que a sua demonstração funcionava para $k \in \mathbb{Q}$ e $k \neq -1$, a resposta é sim! Ele fez todos os casos em um único artigo!

CAPÍTULO

2 Integrais

2.1 Introdução

Vimos no capítulo 1 que se tivermos o gráfico da função velocidade pelo tempo, então o cálculo da posição pode ser feita, essencialmente, por cálculo de áreas da região delimitada entre o eixo t e o gráfico da função v. Devemos apenas tomar cuidado com o sinal, dependendo se $v(t) < 0$ ou $v(t) \geq 0$. Por outro lado, se uma partícula tem a equação do movimento dada pela função $s(t)$, então a equação da velocidade $v(t)$ é dada pela derivada de $s(t)$. Mais precisamente, vale a fórmula

$$v(t) = \frac{\mathrm{d}s}{\mathrm{d}t}.$$

O interessante da notação de Leibniz é a possibilidade de pensar, informalmente, $\frac{\mathrm{d}s}{\mathrm{d}t}$ como fração e, portanto, a *distância infinitesimal* é dada por

$$\mathrm{d}s = v(t)\,\mathrm{d}t.$$

Mais ainda, a soma dos deslocamentos infinitesimais é dada por

$$s(t_f) - s(t_0) = \Delta s = \int_{t_0}^{t_f} v(t)\,\mathrm{d}t.$$

Por conta deste raciocínio, fica bastante intuitivo que áreas podem ser calculadas via processo de *antiderivação*. Este é o teorema fundamental do cálculo, percebido por Leibniz e Newton, independentemente!

Quando aprendemos a calcular derivadas, vimos as *regras de derivação*, tais como a regra do produto e a regra da cadeia. No cálculo integral, essas regras se transformam em *técnicas de integração*. Por conta disso, na seção 2.2, faremos uma revisão do cálculo diferencial, destacando as ideias e os resultados principais que utilizaremos para o cálculo integral.

Na seção 2.3, veremos com detalhe o teorema fundamental do cálculo. A intuição dada pela física é muito importante, mas também é importante entendermos quais são as hipóteses exigidas da função a ser integrada.

Nas seções 2.4 e 2.5 , aprenderemos a calcular diversas integrais, começando com as primitivas elementares, seguindo para as técnicas de substituição e de integração por partes. A seção 2.6 é dedicada à integração, utilizando as duas técnicas.

Nas seções 2.7 e 2.8, faremos algumas aplicações de integrais tais como cálculo de comprimento de arco, volume de sólido de revolução, cálculo de trabalho, massa e centro de massa. Finalmente, na seção 2.9, estenderemos o conceito de integral e estudaremos as chamadas integrais impróprias.

2.2 Revisão de Cálculo Diferencial

Nesta seção, revisaremos os conceitos de cálculo diferencial. Começamos com conceito de continuidade, que está relacionado com o fato do gráfico da função possuir *saltos verticais*.

Definição 2.2.1: Continuidade

Dada uma função $f : [a, b] \to \mathbb{R}$.

1. f é contínua em $x_0 \in (a, b)$ se $\lim\limits_{x \to x_0} f(x) = f(x_0)$.
2. f é contínua em a se $\lim\limits_{x \to a^+} f(x) = f(a)$.
3. f é contínua em b se $\lim\limits_{x \to b^-} f(x) = f(b)$.

Dizemos que f é contínua se ela é contínua em todos os pontos do seu **domínio**.

Lista de funções contínuas

- Polinomiais
- Raízes enésimas
- Trigonométricas
- Exponenciais
- Logarítmicas
- Trigonométricas inversas.

Teorema 2.2.2: Propriedades básicas de funções contínuas

Se f e g são funções contínuas, então

1. $f + g$ é contínua.
2. $f \cdot g$ é contínua.
3. $f \circ g$ é contínua.
4. $\dfrac{f}{g}$ é contínua.

Exemplo 2.2.3: A função $h(x) = e^{-x^2}$ é contínua pois é a composição das funções $f(x) = e^x$ e $g(x) = -x^2$.

A função $f(x) = e^{x^2 \cos x}$ é contínua pois é composição e multiplicação de funções contínuas.

Exemplo 2.2.4: A função $f(x) = \dfrac{1}{x}$ é uma função contínua, pois divisão de funções contínuas é contínua. Note que $x_0 = 0$ não pertence ao domínio de f.

Para discutir a continuidade de f em um ponto $x_0 \in \mathbb{R}$ é necessário que x_0 esteja no domínio de f. Sugerimos a videoaula Introdução ao Conceito de Continuidade.

A importância do conceito de continuidade reside em dois teoremas, o teorema do valor intermediário e o teorema de Weierstrass. Recomendamos a videoaula Teorema de Bolzano e o Teorema do Valor Intermediário.

Teorema 2.2.5: Teorema de Weierstrass e o TVI

Seja $f : [a, b] \to \mathbb{R}$ contínua.

1. (TVI) Fixe d pertencente ao intervalo aberto definido por $f(a)$ e $f(b)$. Logo existe $c \in (a, b)$ tal que $f(c) = d$.

2. (Weierstrass) f admite pontos de máximo e mínimo global em $[a, b]$. Mais precisamente, existem $x_m, x_M \in [a, b]$ tais que

$$f(x_m) \leq f(x) \leq f(x_M) \quad \text{para todo } x \in [a, b].$$

Agora que sabemos que todas as funções elementares são contínuas, vamos trabalhar com as funções derivadas. Dizemos que a função f é derivável em x_0 se existe o limite $\lim\limits_{h \to 0} \dfrac{f(x_0 + h) - f(x_0)}{h}$ e, caso o limite exista, denotamos por $f'(x_0)$. Dizemos que f é derivável se ela for derivável em todos os pontos do seu domínio.

A tabela abaixo contém um resumo das fórmulas de derivação.

Fórmulas de Derivadas	Regras de Derivação
$(x^p)' = px^{p-1}, p \in \mathbb{R}$	$(f+g)' = f' + g'$
$(\operatorname{sen} x)' = \cos x$	$(f-g)' = f' - g'$
$(\cos x)' = -\operatorname{sen} x$	
$(\operatorname{tg} x)' = \sec^2 x$	$(cf)' = cf'$, onde $c \in \mathbb{R}$
$(\sec x)' = \sec x \operatorname{tg} x$	
$(e^x)' = e^x$	$(f \circ g)' = (f' \circ g) \cdot g'$
$(\ln x)' = \dfrac{1}{x}$	$(f \cdot g)' = f' \cdot g + f \cdot g'$
$(\operatorname{arctg} x)' = \dfrac{1}{1+x^2}$	$\left(\dfrac{f}{g}\right) = \dfrac{f' \cdot g - g' \cdot f}{g^2}$

Com a tabela acima, podemos encontrar a derivada das mais diversas funções.

Exemplo 2.2.6: A primeira fórmula de derivação é a famosa regra do tombo, $(x^p)' = px^{p-1}$. Recomendamos a videoaula Derivada da Soma e Derivada de Polinômios.

1. Se $f(x) = 5x = 5x^1$, então $f'(x) = 5x^{1-1} = 5x^0 = 5$.
2. Se $f(x) = x^2$, então $f'(x) = 2x^{2-1} = 2x$.
3. Se $f(x) = x^2 - 3x$, então $f'(x) = 2x - 3$.
4. Se $f(x) = x^{3/2}$, então $f'(x) = \dfrac{3x^{(3/2)-1}}{2} = \dfrac{3x^{1/2}}{2}$.
5. Se $f(x) = \sqrt{x} = x^{1/2}$, então $f'(x) = \dfrac{1}{2}x^{(1/2)-1} = \dfrac{x^{-1/2}}{2} = \dfrac{1}{2\sqrt{x}}$.
6. Se $f(x) = \dfrac{1}{x^5} = x^{-5}$, então $f'(x) = -5x^{-6} = \dfrac{-5}{x^6}$.
7. Se $f(x) = x^\pi$, então $f'(x) = \pi x^{\pi-1}$.
8. Se $f(x) = \sqrt[3]{x} = x^{1/3}$, então $f'(x) = x^{-2/3} = \dfrac{1}{\sqrt[3]{x^2}}$.

Exemplo 2.2.7: A derivada de $f(x) = x^3 \ln x$ é, pela regra do produto, dada por

$$\begin{aligned}\frac{\mathrm{d}f}{\mathrm{d}x} &= (x^3)' \ln x + x^3 \cdot (\ln x)' \\ &= 3x^2 \cdot \ln x + x^3 \cdot \frac{1}{x} = 3x^2 \ln x + x^2.\end{aligned}$$

Exemplo 2.2.8: A derivada da função $f(x) = e^x \operatorname{sen} x$ é, pela regra do produto,

$$\begin{aligned}\frac{\mathrm{d}f}{\mathrm{d}x} &= (e^x)' \operatorname{sen} x + e^x \cdot (\operatorname{sen} x)' \\ &= e^x \operatorname{sen} x + e^x \cos x.\end{aligned}$$

Para mais exemplos com a regra do produto, sugerimos assistir às nossas videoaulas Exemplos de Derivação com Funções Trigonométricas e também Derivada das Funções Exponenciais e Logarítmicas.

A regra do quociente não será necessária para a integração. A regra da cadeia costuma ser a regra de derivação mais complicada para aprender, por isso, sugerimos a videoaula Regra da Cadeia - Enunciado e Exemplos. Para exemplos que misturam regra da cadeia e regra do produto, sugerimos a aula Exemplos Utilizando Regra da Cadeia e também a aula Exemplos de Derivação com Funções Trigonométricas Inversas. Vamos fazer mais alguns exemplos.

Exemplo 2.2.9: Considere a função $f(x) = (x^2 + 3x + 1)^3$.

Defina $y = x^2 + 3x + 1$, então $f(x) = y^3$ e, pela regra da cadeia, temos

$$\frac{\mathrm{d}f}{\mathrm{d}x} = \frac{\mathrm{d}f}{\mathrm{d}y} \cdot \frac{\mathrm{d}y}{\mathrm{d}x} = 3y^2(2x + 3) = 3(x^2 + 3x + 1)^2(2x + 3).$$

Exemplo 2.2.10: Para derivarmos a função $f(x) = \operatorname{arctg}(x^3)$, utilizamos a regra da cadeia, com $y = x^3$ e $f(y) = \operatorname{arctg} y$.

$$\begin{aligned}\frac{\mathrm{d}f}{\mathrm{d}x} &= \frac{\mathrm{d}f}{\mathrm{d}y} \cdot \frac{\mathrm{d}y}{\mathrm{d}x} = \frac{1}{1 + y^2} \cdot (3x^2) \\ &= \frac{3x^2}{1 + (x^3)^2} = \frac{3x^2}{1 + x^6}.\end{aligned}$$

Exemplo 2.2.11: Para derivarmos a função $f(x) = xe^{-x^3}$, vamos trabalhar com a regra do produto e a regra da cadeia,

$$\begin{aligned}\frac{\mathrm{d}f}{\mathrm{d}x} &= (x)' \cdot e^{-x^3} + x \cdot (e^{-x^3})' = e^{-x^3} + x \cdot (-3x^2 e^{-x^3}) \\ &= e^{-x^3} - 3x^3 e^{-x^3} = (1 - 3x^3)e^{-x^3}.\end{aligned}$$

Geometricamente, $f : (a, b) \to \mathbb{R}$ é derivável se cada ponto $(x_0, f(x_0))$ do seu gráfico possui reta tangente. Destacamos dois casos possíveis para que uma função não seja derivável em $x_0 \in (a, b)$.

1. Quando o gráfico de f *salta* em x_0.

$$\lim_{h \to 0^-} f(x_0 + h) \neq \lim_{h \to 0^+} f(x_0 + h).$$

2. Quando o gráfico de f possui um bico, isto é,

$$\lim_{h \to 0^-} \frac{f(x_0 + h) - f(x_0)}{h} \neq \lim_{h \to 0^+} \frac{f(x_0 + h) - f(x_0)}{h}.$$

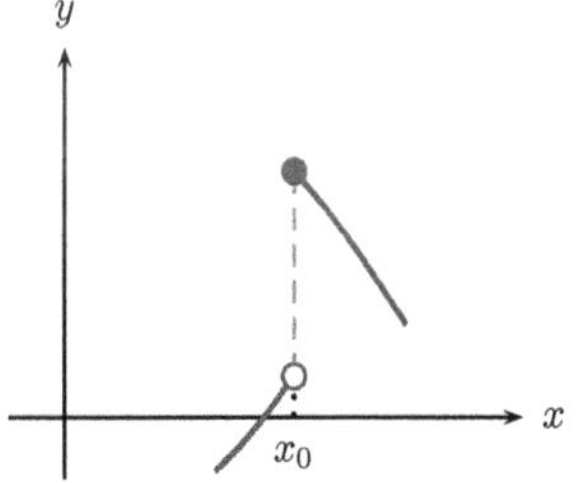

Figura 2.1: f é descontínua em x_0.

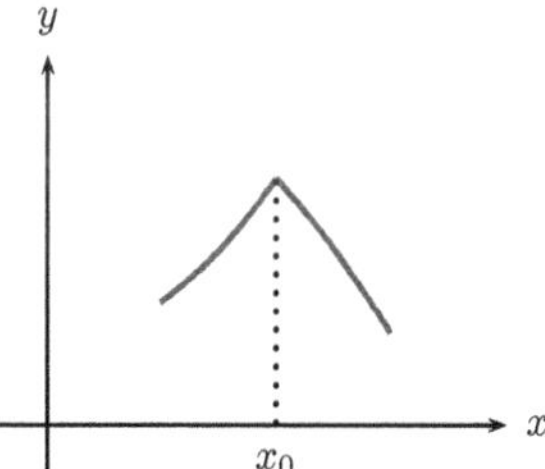

Figura 2.2: o gráfico tem *bico* em x_0.

Dada uma função derivável f, a função derivada é denotada por $\dfrac{\mathrm{d}f}{\mathrm{d}x}$. Esta notação foi introduzida por Leibniz por causa da seguinte expressão.

$$\begin{aligned}f'(x) = \frac{\mathrm{d}f}{\mathrm{d}x} = \lim_{\Delta x \to 0} \frac{\Delta f}{\Delta x} &= \lim_{\Delta x \to 0} \frac{f(x_0 + \Delta x) - f(x_0)}{\Delta x} \\ &= \lim_{h \to 0} \frac{f(x_0 + h) - f(x_0)}{h}.\end{aligned}$$

Para problemas de modelagem de equação, é comum pensar $\mathrm{d}f$ e $\mathrm{d}x$ como *incrementos infinitesimais*. Recomendamos a nossa videoaula A Intuição da Notação de Leibniz.

O teorema qualitativo para o conceito de derivadas é o teorema do valor médio.

Teorema 2.2.12: Teorema do Valor Médio

Seja $f : [a, b] \to \mathbb{R}$ contínua em $[a, b]$ e derivável em (a, b). Então existe $c \in \mathbb{R}$ tal que

$$f'(c) = \frac{f(b) - f(a)}{b - a}.$$

Seja $s : [t_0, t_f] \to \mathbb{R}$ a função que descreve a posição de uma partícula em movimento retilíneo e que não sofre colisão ou impulso durante o intervalo considerado. A velocidade média da partícula é dada por

$$v_m = \frac{s(t_f) - s(t_0)}{t_f - t_0}.$$

O teorema do valor médio garante a existência de $t_c \in (t_0, t_f)$ tal que $v_m = s'(t_c)$. Em outras palavras, em algum momento a velocidade instantânea é igual à velocidade média.

Geometricamente, $f'(c)$ é o coeficiente angular da reta tangente ao gráfico de f no ponto $(c, f(c))$ e, conforme demonstrado pela videoaula Equação da Reta, o coeficiente angular da reta que passa pelos pontos $(a, f(a))$ e $(b, f(b))$ é dado por $\dfrac{f(b) - f(a)}{b - a}$. O teorema do valor médio diz que existe um ponto $c \in (a, b)$ tal que a reta tangente ao gráfico de f em $x = c$ é paralela à reta secante que liga os pontos $(a, f(a))$ e $(b, f(b))$.

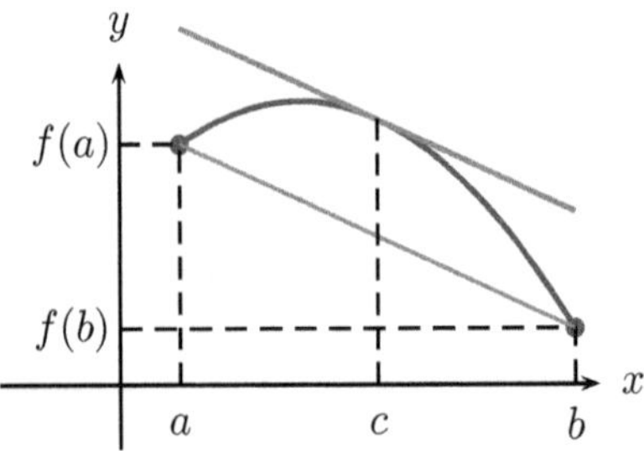

Figura 2.3: Reta tangente ao gráfico de f no ponto (x_0, y_0).

Finalizamos a seção com uma consequência do teorema do valor médio que vamos precisar para a integração.

Corolário 2.2.13: Diferença constante

Sejam $f, g : [a, b] \to \mathbb{R}$ funções contínuas em $[a, b]$ e deriváveis em (a, b) tais que $f'(x) = g'(x)$ para todo $x \in (a, b)$.

Então existe $C \in \mathbb{R}$ tal que $f(x) = g(x) + C$ para todo $x \in [a, b]$. Em particular, se $f'(x) = 0$ para todo $x \in (a, b)$, então f é constante em $[a, b]$.

Demonstração:

Considere a função auxiliar $h(x) = f(x) - g(x)$. Temos que h é contínua em $[a, b]$ e $h'(x) = 0$ para todo $x \in (a, b)$.

Fixe $x \in (a, b]$. Pelo teorema do valor médio, existe $c_x \in (a, x)$ tal que

$$h(x) - h(a) = h'(c_x)(x - a) = 0.$$

portanto, $h(x) = h(a)$. Se escrevermos $h(a) = C$, provamos que $h(x) = C$ para todo $x \in [a, b]$ e, portanto, $f(x) = g(x) + C$.

Exercícios

1. Derive cada uma das funções abaixo.

a) $f(x) = x^2 \operatorname{sen} x$

b) $f(x) = 3\sqrt[3]{x} + 2x^3 - 2$

c) $f(x) = \dfrac{4}{x} - \dfrac{5}{\sqrt{x}}$

d) $f(x) = \operatorname{tg} x \cdot \ln x$

e) $f(x) = e^x \sec x$

f) $f(x) = xe^x \operatorname{sen} x$

g) $f(x) = e^x + e^{-x}$

h) $f(x) = (3x+2)^5$

i) $f(x) = (x^2 + 8x + 1)^7$

j) $f(x) = \operatorname{sen}(\ln x)$

k) $f(x) = \cos(\sqrt{x})$

l) $f(x) = \cos^4(x)$

m) $f(x) = e^{-x^2}$

n) $f(x) = e^{\sqrt[3]{x}}$

o) $f(x) = \sqrt{x + \sqrt{x}}$

p) $f(x) = \sqrt[3]{x^3 + 1}$

q) $f(x) = \operatorname{arctg}(x^2)$

r) $f(x) = \operatorname{arctg}(\sqrt{x})$

2. Seja $f : [a, b] \to \mathbb{R}$ contínua e sejam m e M o máximo e mínimo globais de f, respectivamente. Mostre que $\operatorname{Im} f = [m, M]$. Em outras palavras, mostre que para todo $d \in [m, M]$, existe $c \in [a, b]$ tal que $f(c) = d$.

Respostas

Exercício 1

a) $2x \operatorname{sen} x + x^2 \cos x$

b) $\dfrac{1}{\sqrt[3]{x^2}} + 6x^2$

c) $-\dfrac{4}{x^2} + \dfrac{5}{2x\sqrt{x}}$

d) $\sec^2 x \cdot \ln x + \dfrac{\operatorname{tg} x}{x}$

e) $e^x \sec x(1 + \operatorname{tg} x)$

f) $e^x(\operatorname{sen} x + x \operatorname{sen} x + x \cos x)$

g) $e^x - e^{-x}$

h) $15(3x + 2)^4$

i) $14(x + 4)(x^2 + 8x + 1)^6$

j) $\dfrac{\cos(\ln x)}{x}$

k) $-\dfrac{\operatorname{sen}\sqrt{x})}{2\sqrt{x}}$

l) $-4\cos^3(x) \operatorname{sen} x$

m) $-2xe^{-x^2}$

n) $\dfrac{e^{\sqrt[3]{x}}}{3\sqrt[3]{x^2}}$

o) $\dfrac{1}{2\sqrt{x + \sqrt{x}}} \cdot \left(1 + \dfrac{1}{2\sqrt{x}}\right)$

p) $\dfrac{x^2}{\sqrt[3]{(x^3 + 1)^2}}$

q) $\dfrac{2x}{1 + x^4}$

r) $\dfrac{1}{2\sqrt{x}(1 + x)}$

2.3 Teorema Fundamental do Cálculo

Nesta seção, trataremos de um dos teoremas mais importantes: o teorema fundamental do cálculo.

Seja $f : [a, b] \to \mathbb{R}$ função contínua. Definimos

$$\int_a^a f(t)\mathrm{d}t = 0.$$

Para cada $x \in [a, b]$, considere a função $A(x) = \int_a^x f(t)\,\mathrm{d}t$. Temos que $A(x)$ está bem definida, isto é, para cada $x \in [a, b]$, é possível determinar unicamente $A(x)$. As figuras abaixo mostram a função $A(x)$ para diversos valores de x.

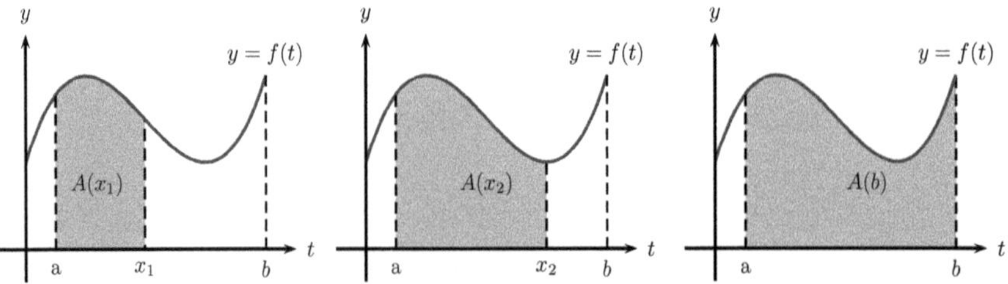

Figura 2.4: $A(x)$ coincide coma área sob a curva de $y = f(t)$ se $f(t) \geq 0$ para todo t.

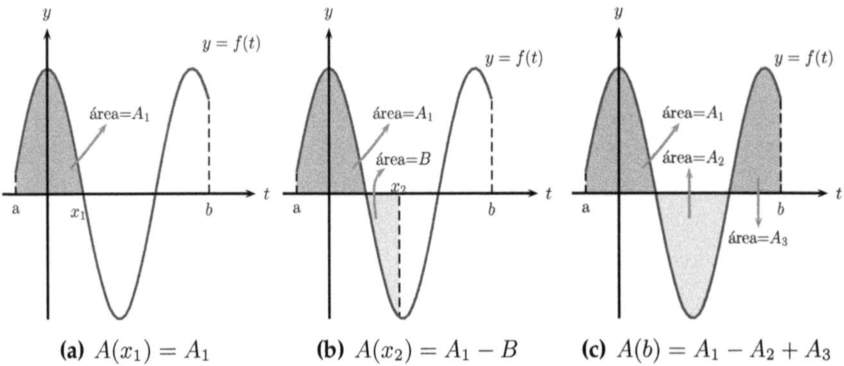

(a) $A(x_1) = A_1$ **(b)** $A(x_2) = A_1 - B$ **(c)** $A(b) = A_1 - A_2 + A_3$

Figura 2.5: O valor de $A(x)$ é a área acima do eixo x menos a área de baixo.

Reforçamos que a função $A(x)$ só tem intepretação geométrica de área se $f(x) \geq 0$. Caso $f(x)$ seja a velocidade da partícula, então $A(x)$ é a posição da partícula no instante "x".

Exemplo 2.3.1: Defina $A(x)$ a área da região do plano y delimitada por $y = 0$, $y = t$ e a reta $t = x$. Na figura abaixo, vemos que $A(x)$ é a área do triângulo de base x e altura x.

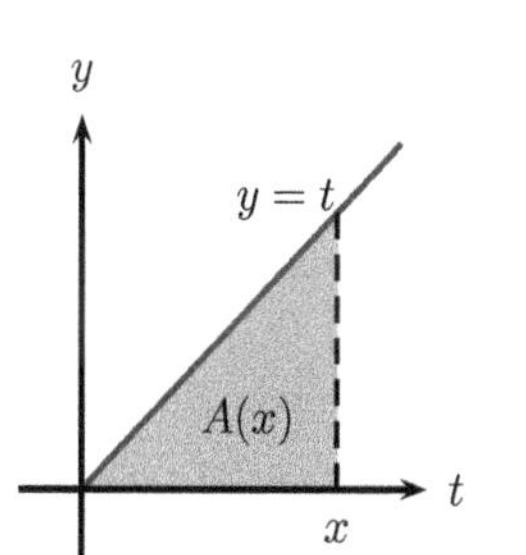

Portanto, $A(x)$ é dada por

$$A(x) = \int_0^x t\,\mathrm{d}t = \frac{x^2}{2}.$$

Recomendamos a nossa videoaula Teorema Fundamental do Cálculo - Parte 1. A aula faz um bom resumo do que pretendemos fazer ao longo do texto. Para termos interpretação geométrica de área, vamos supor que $f(t) \geq 0$ para todo t.

Fixe $x \in (a,b)$. A ideia pensada por Leibniz foi considerar $\mathrm{d}x$ como *incremento infinitesimal* e considerar o retângulo cuja base é o intervalo $[x, x + \mathrm{d}x]$ e altura $f(x)$.

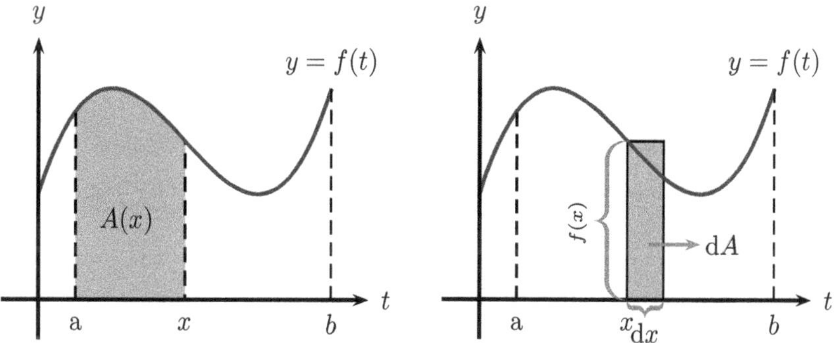

Figura 2.6: Interpretação geométrica que Leibniz teve para o teorema fundamental do cálculo.

Considere $\mathrm{d}A$ a variação da *área*. Como a distância é infinitesimal, podemos considerar $f(t)$ constante igual à $f(x)$ no intervalo $[x, x + \mathrm{d}x]$ e, portanto $\mathrm{d}A = f(x)\mathrm{d}x$. Com este pensamento, vemos que $\dfrac{\mathrm{d}A}{\mathrm{d}x} = f(x)$.

Embora a ideia do parágrafo anterior esteja correta, há algumas imprecisões na argumentação. Por exemplo, o leitor, se estiver desatento, não percebe que foi utilizada a continuidade da função f.

Teorema 2.3.2: 1º Teorema Fundamental do Cálculo

Suponha que $f : [a,b] \to \mathbb{R}$ é contínua e defina $A : [a,b] \to \mathbb{R}$ por $A(x) = \int_a^x f(t)\,\mathrm{d}t$. Então $A(x)$ é derivável e vale $\frac{\mathrm{d}A}{\mathrm{d}x} = f(x)$.

Demonstração:

A demonstração deste resultado pode ser encontrada em Demonstração do Teorema Fundamental do Cálculo. A demonstração acima utiliza um resultado técnico que está na videoaula Teorema do Valor Médio para Integrais.

Definição 2.3.3: Primitiva de uma Função

Seja f uma função contínua. Dizemos que F é primitiva de f, se vale $F'(x) = f(x)$ para todo x no domínio de f.

A definição acima é útil por conta do 2° teorema fundamental do cálculo e, portanto, recomendamos a videoaula 2° Teorema Fundamental do Cálculo.

Teorema 2.3.4: 2º Teorema Fundamental do Cálculo

Se f é contínua em $[a,b]$ e se F é qualquer primitiva de f, então

$$\int_a^b f(x)\,\mathrm{d}x = F(b) - F(a).$$

Demonstração:

Seja $A(x) = \int_a^x f(t)\,\mathrm{d}t$. Pelo 1° teorema fundamental do cálculo, $A(x)$ é uma primitiva de f. Como F também é uma primitiva de f, temos que $F'(x) = A'(x)$ para todo $x \in (a,b)$ e, pelo corolário 2.2.13, existe $C \in \mathbb{R}$ tal que $F(x) = A(x) + C$. Logo

$$F(b) - F(a) = (A(b) + C) - (A(a) + C) = A(b) = \int_a^b f(t)\,\mathrm{d}t.$$

Exemplo 2.3.5: Temos que $\operatorname{sen} x$ é primitiva de $\cos x$ e, portanto,

$$\int_0^{\frac{\pi}{2}} \cos x \, \mathrm{d}x = \operatorname{sen} x \Big|_0^{\frac{\pi}{2}}$$

$$\operatorname{sen} \frac{\pi}{2} - \operatorname{sen} 0 = 1.$$

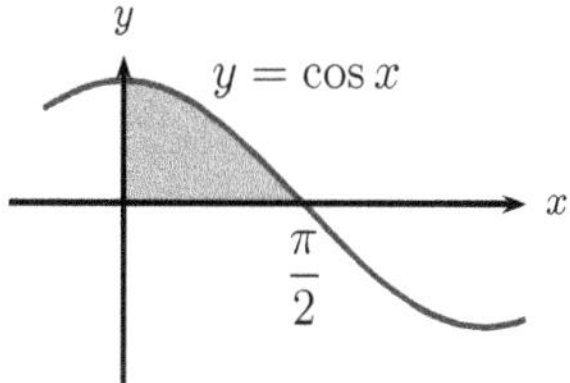

Finalizamos a seção calculando derivadas de funções definidas por integral e recomendamos a videoaula Derivando uma Função dada por Integral.

Exemplo 2.3.6: Considere $A(x) = \int_0^{x^2} e^{-t^2} \mathrm{d}t$. Para calcular $A'(x)$, devemos utilizar o teorema fundamental do cálculo e a regra da cadeia.

Seja $F(x)$ primitiva de e^{-x^2}. Temos que $F'(x) = e^{-x^2}$. Pelo 2º teorema fundamental do cálculo, temos que

$$A(x) = \int_0^{x^2} e^{-t^2} \, \mathrm{d}t = F(x^2) - F(0).$$

Logo, fazendo $y = x^2$, temos, pela regra da cadeia,

$$A'(x) = \frac{\mathrm{d}F}{\mathrm{d}y} \cdot \frac{\mathrm{d}y}{\mathrm{d}x} = e^{-y^2}.2x = e^{-(x^2)^2} 2x.$$

Arrumando as contas, temos que $A'(x) = 2xe^{-x^4}$.

Exemplo 2.3.7: Seja $A(x) = \int_{x^2}^{x^3} \sqrt{1-t^2} \, \mathrm{d}t$ e seja $F(x)$ a primitiva de $\sqrt{1-x^2}$, isto é, $F'(x) = \sqrt{1-x^2}$. Pelo 2º teorema fundamental do cálculo,

$$A(x) = F(x^3) - F(x^2).$$

Se tomarmos $y = x^3$ e $z = x^2$, então, pela regra da cadeia, concluímos que

$$A'(x) = \frac{\mathrm{d}F}{\mathrm{d}y} \cdot \frac{\mathrm{d}y}{\mathrm{d}x} - \frac{\mathrm{d}F}{\mathrm{d}z} \cdot \frac{\mathrm{d}z}{\mathrm{d}x} = \sqrt{1-y^2}.2x - \sqrt{1-z^2}.3x^2$$

$$= 2x\sqrt{1-x^4} - 3x^2\sqrt{1-x^6}.$$

Exercícios

1. Derive cada uma das funções abaixo.

a) $A(x) = \int_2^x e^{-t}\,\mathrm{d}t$

b) $A(x) = \int_\pi^x \operatorname{sen}(t^2)\,\mathrm{d}t$

c) $A(x) = \int_1^{1+x^2} \operatorname{sen}\left(\frac{1}{t}\right)\,\mathrm{d}t$

d) $A(x) = \int_{-x}^x te^{t^2}\,\mathrm{d}t$

e) $A(x) = \int_{\sqrt{x}}^{x+1} \sqrt{1+t^2}\,\mathrm{d}t$

f) $A(x) = \int_{\operatorname{sen} x}^{\cos x} \frac{1}{1-t^2}\,\mathrm{d}t$

g) $A(x) = x \cdot \int_0^x (\operatorname{tg}\sqrt{t})\,\mathrm{d}t$

h) $A(x) = \int_{-x}^x e^{-t^2}\,\mathrm{d}t$

Respostas

Exercício 1

a) $A'(x) = e^{-x}$

b) $A'(x) = \operatorname{sen}(x^2)$

c) $A'(x) = 2x \operatorname{sen}\left(\frac{1}{1+x^2}\right)$

d) $A'(x) = 0$

e) $A'(x) = \sqrt{x^2+2x+2} - \frac{\sqrt{1+x}}{2\sqrt{x}}$

f) $A'(x) = -\sec x - \operatorname{cossec} x$

g) $A'(x) = x \operatorname{tg}(\sqrt{x}) + \int_0^x (\operatorname{tg}\sqrt{t})\,\mathrm{d}t$

h) $A'(x) = 2e^{-x^2}$

2.4 Primitivas Imediatas e a Técnica de Substituição

Na seção 2.3, vimos o teorema fundamental do cálculo, que estabelece uma conexão entre o processo de antiderivação e o processo de cálculo de área. A função resultante da antiderivação é chamada de primitiva. Mais ainda, fixada uma função f contínua e se F é uma primitiva de f, então todas primitivas são da forma $F(x) + C$ com $C \in \mathbb{R}$.

Denotamos por $\int f(x)\,\mathrm{d}x$ para representar todas as primitivas de f e recomendamos a videoaula Primitivas Imediatas para introdução do assunto.

Exemplo 2.4.1: Temos que $\int x\,\mathrm{d}x = \frac{x^2}{2} + C$.

Como $(e^x)' = e^x$, temos que $\int e^x\,\mathrm{d}x = e^x + C$.

Tabela de Primitivas Imediatas	
$\int x^p\,\mathrm{d}x = \frac{x^{p+1}}{p+1} + C$, se $p \in \mathbb{R}$, $p \neq -1$	$\int \frac{1}{x}\,\mathrm{d}x = \ln\|x\| + C$
$\int \frac{1}{1+x^2}\,\mathrm{d}x = \operatorname{arctg} x + C$	$\int e^x\,\mathrm{d}x = e^x + C$
$\int \operatorname{sen} x\,\mathrm{d}x = -\cos x + C$	$\int \cos x\,\mathrm{d}x = \operatorname{sen} x + C$
$\int \sec^2 x\,\mathrm{d}x = \operatorname{tg} x + C$	$\int \sec x \operatorname{tg} x\,\mathrm{d}x = \sec x + C$

Sugerimos a videoaula Primeiros Exemplos de Primitivas - Polinômios.

Exemplo 2.4.2: Vamos calcular $\int \sqrt{x}\,\mathrm{d}x$. Trabalharemos com $p = \frac{1}{2}$ na tabela acima.

$$\int \sqrt{x}\,\mathrm{d}x = \int x^{1/2}\,\mathrm{d}x = \frac{x^{(1/2)+1}}{(1/2)+1} + C = \frac{x^{3/2}}{3/2} + C = \frac{2x^{3/2}}{3} + C.$$

Destacamos duas propriedades para integrais indefinidas (ver seção 1.2).

1. $\displaystyle\int f(x) + g(x)\,\mathrm{d}x = \int f(x)\,\mathrm{d}x + \int g(x)\,\mathrm{d}x.$

2. $\displaystyle\int kf(x)\,\mathrm{d}x = k\int f(x)\,\mathrm{d}x$, em que $k \in \mathbb{R}$.

Para os próximos exemplos, sugerimos a videoaula Primitivas não tão Imediatas.

Exemplo 2.4.3: Vamos calcular $\displaystyle\int \frac{x^2+1}{x}\,\mathrm{d}x$. Note que o integrando não está na tabela acima e, portanto, precisamos modificar a expressão. O truque é separar o numerador, isto é,

$$\frac{x^2+1}{x} = \frac{x^2}{x} + \frac{1}{x} = x + \frac{1}{x}.$$

Note que as funções $f(x) = x$ e $g(x) = \dfrac{1}{x}$ estão na tabela acima e, portanto,

$$\int \frac{x^2+1}{x}\,\mathrm{d}x = \int \left(x + \frac{1}{x}\right)\mathrm{d}x = \frac{x^2}{2} + \ln|x| + C.$$

O leitor pode está se perguntando o porquê de $\displaystyle\int \frac{1}{x}\,\mathrm{d}x = \ln|x| + C$ ao invés de $\ln x + C$. O motivo é que o domínio de $\ln x$ é $(0, +\infty)$, mas o domínio de $\dfrac{1}{x}$ é $\mathbb{R} - \{0\}$. Por exemplo, se o resultado da integral fosse $\ln x$, teríamos

$$\int_{-2}^{-1} \frac{1}{x}\,\mathrm{d}x = \ln x\Big|_{-2}^{-1} = \ln(-1) - \ln(-2).$$

Isso é um absurdo!

Para $x < 0$, temos, pela regra da cadeia, $\dfrac{\mathrm{d}\ln(-x)}{\mathrm{d}x} = \dfrac{1}{-x}\cdot(-1) = \dfrac{1}{x}$.

Exemplo 2.4.4: Vamos calcular a integral $\displaystyle\int \mathrm{tg}^2\, x\,\mathrm{d}x$. Para tanto, precisamos aplicar a fórmula $\mathrm{tg}^2\, x = \sec^2 x - 1$. Esta fórmula é específica e pode ser interessante pensar na seguinte lógica

$$\mathrm{tg}^2\, x = \frac{\mathrm{sen}^2\, x}{\cos^2 x} = \frac{1-\cos^2 x}{\cos^2 x} = \frac{1}{\cos^2 x} - \frac{\cos^2 x}{\cos^2 x}.$$

Como $\sec^2 x = \dfrac{1}{\cos^2 x}$, temos que $\operatorname{tg}^2 x = \sec^2 x - 1$ e, portanto,

$$\int \operatorname{tg}^2 x \, dx = \int (\sec^2 x - 1) \, dx = \int \sec^2 x \, dx - \int 1 \, dx = \operatorname{tg} x - x + C.$$

Lembremos que, para as integrais definidas, a variável da função não tem importância, isto é,

$$\int_a^b f(t) \, dt = \int_a^b f(x) \, dx = \int_a^b f(u) \, du.$$

Quando trabalhamos com integral indefinida, devemos manter a variável de integração.

1. $\displaystyle\int (3t^2 - 2t) \, dt = t^3 - t^2 + C.$
2. $\displaystyle\int e^v \, dv = e^v + C.$

Vimos, na seção 2.2, a regra da cadeia $(f \circ g(x))' = f'(g(x)) \cdot g'(x)$, e temos, portanto, a seguinte fórmula

$$\int f'(g(x)).g'(x) \, dx = \int (f \circ g(x))' \, dx = f \circ g(x) + C.$$

A fórmula acima se chama técnica da substituição e a forma que operamos é a seguinte: faça a substuição $u = g(x)$, então $du = g'(x) \, dx$, escreva a igualdade

$$\int f'(g(x)).g'(x) \, dx = \int f'(u) \, du$$

e integramos em relação à variável u. No final, devemos voltar para a variável x. Recomendamos assistir à videoaula Introdução à Técnica de Integração por Substituição para entender o procedimento.

Exemplo 2.4.5: Vamos calcular $\displaystyle\int e^{2x} \, dx$.

Façamos $u = 2x$, então $du = 2 \, dx$, ou seja, $dx = \dfrac{du}{2}$ e, daí, temos

$$\int e^{2x} \, dx = \int e^u \frac{du}{2} = \frac{1}{2} \int e^u \, du = \frac{1}{2} e^u + C = \frac{e^{2x}}{2} + C.$$

Exemplo 2.4.6: Para calcular $\int x\cos(x^2)\,\mathrm{d}x$, façamos $u = x^2$. Então $\mathrm{d}u = 2x\,\mathrm{d}x$, daí, temos que $\frac{\mathrm{d}u}{2} = x\,\mathrm{d}x$ e, portanto,

$$\begin{aligned}\int x\cos(x^2)\,\mathrm{d}x &= \int (\cos(x^2))x\,\mathrm{d}x = \int \cos u\,\frac{\mathrm{d}u}{2}\\ &= \frac{\operatorname{sen} u}{2} + C = \frac{\operatorname{sen}(x^2)}{2} + C.\end{aligned}$$

Exemplo 2.4.7: Para calcular a integral $\int \frac{\ln x}{x}\,\mathrm{d}x$, façamos $u = \ln x$. Temos $\mathrm{d}u = \frac{1}{x}\,\mathrm{d}x$ e, daí

$$\int \frac{\ln x}{x}\,\mathrm{d}x = \int \ln x \cdot \frac{1}{x}\,\mathrm{d}x = \int u\,\mathrm{d}u = \frac{u^2}{2} + C = \frac{(\ln x)^2}{2} + C.$$

Exemplo 2.4.8: Para integrarmos a função $f(x) = 2^x$, devemos passar, primeiramente, para a base e, isto é, $2^x = e^{x\ln 2}$. Fazendo a substituição $u = x\ln 2$, temos $\mathrm{d}u = (\ln 2)\,\mathrm{d}x$. Daí,

$$\int 2^x\,\mathrm{d}x = \int e^u \cdot \frac{\mathrm{d}u}{\ln 2} = \frac{e^u}{\ln 2} + C = \frac{2^x}{\ln 2} + C.$$

Recomendamos a videoaula Fazendo Substituição Linear para Resolver Integrais e também Exemplos de Resolução de Integrais por Substituição.

Exemplo 2.4.9: Vamos calcular $\int \operatorname{tg} x\,\mathrm{d}x$. Note que, a princípio, não temos nenhuma substituição óbvia e, portanto, é interessante utilizar a fórmula $\operatorname{tg} x = \frac{\operatorname{sen} x}{\cos x}$.

Façamos $u = \cos x$, então $\mathrm{d}u = -\operatorname{sen} x\,\mathrm{d}x$ e, portanto,

$$\begin{aligned}\int \operatorname{tg} x\,\mathrm{d}x &= \int \frac{1}{\cos x} \cdot \operatorname{sen} x\,\mathrm{d}x = \int -\frac{1}{u}\,\mathrm{d}u\\ &= -\ln|u| + C = -\ln|\cos x| + C.\end{aligned}$$

Como vale $\ln(a^{-1}) = -\ln a$ e $|\cos x|^{-1} = \frac{1}{|\cos x|} = |\sec x|$, temos

$$\int \operatorname{tg} x = \ln|\sec x| + C.$$

Teorema 2.4.10: Técnica da Substituição

Suponha que f e $g'(x) = \dfrac{\mathrm{d}g}{\mathrm{d}x}$ sejam contínuas, então

$$\int_a^b f(g(x))g'(x)\,\mathrm{d}x = \int_{g(a)}^{g(b)} f(u)\,\mathrm{d}u.$$

Demonstração:

Seja F a primitiva de f, então $F(g(x))$ é a primitiva de $f(g(x)).g'(x)$, daí, pelo 2º teorema fundamental do cálculo, temos

$$\begin{aligned}\int_a^b f(g(x))g'(x)\,\mathrm{d}x &= F(g(x))\Big|_a^b = F(g(b)) - F(g(a))\\ &= F(u)\Big|_{g(a)}^{g(b)} = \int_{g(a)}^{g(b)} f(u)\,\mathrm{d}u.\end{aligned}$$

Exemplo 2.4.11: Vamos calcular $\displaystyle\int_0^5 \sqrt{3x+1}\,\mathrm{d}x$.

Façamos $u = 3x+1$, então $\mathrm{d}u = 3\,\mathrm{d}x$ e $\mathrm{d}x = \dfrac{1}{3}\,\mathrm{d}u$. Note que, quando $x = 0$, temos que $u = 1$ e, quando $x = 5$, temos que $u = 16$. Daí,

$$\begin{aligned}\int_0^5 \sqrt{3x+1}\,\mathrm{d}x &= \int_1^{16} \sqrt{u}\cdot\frac{1}{3}\,\mathrm{d}u = \frac{1}{3}\int_1^{16} u^{1/2}\,\mathrm{d}u\\ &= \frac{1}{3}\cdot\frac{u^{3/2}}{\frac{3}{2}}\Bigg|_1^{16} = \frac{2}{9}u^{3/2}\Bigg|_1^{16}\\ &= \frac{2}{9}\left(16^{3/2} - 1^{3/2}\right) = \frac{2}{9}\cdot 63 = 14.\end{aligned}$$

No exemplo anterior, $\displaystyle\int_0^5 \sqrt{3x+1}\,\mathrm{d}x$ é possível resolver primeiro a integral indefinida $\displaystyle\int \sqrt{3x+1}\,\mathrm{d}x$ e, depois colocamos os limites de integração.

Exemplo 2.4.12: Considere $\int_0^5 \sqrt{3x+1}\,\mathrm{d}x$ e trabalhemos com a integral indefinida $\int \sqrt{3x+1}\,\mathrm{d}x$

Façamos $u = 3x+1$, temos que $\mathrm{d}u = 3\,\mathrm{d}x$ e, portanto,

$$\begin{aligned}
\int \sqrt{3x+1}\,\mathrm{d}x &= \int \sqrt{u}\cdot\frac{1}{3}\,\mathrm{d}u = \frac{1}{3}\int u^{1/2}\,\mathrm{d}u \\
&= \frac{1}{3}\cdot\frac{u^{3/2}}{\frac{3}{2}} + C = \frac{2}{9}u^{3/2} + C \\
&= \frac{2}{9}(3x+1)^{3/2} + C.
\end{aligned}$$

Escolhendo $\frac{2}{9}(3x+1)^{3/2}$ como a primitiva, temos

$$\begin{aligned}
\int_0^5 \sqrt{3x+1}\,\mathrm{d}x &= \frac{2}{9}(3x+1)^{3/2}\Big|_0^5 \\
&= \frac{2}{9}\left(16^{3/2} - 1^{3/2}\right) = \frac{2}{9}\cdot 63 = 14.
\end{aligned}$$

Exercícios

1. Integre cada uma das funções abaixo.

a) $\int \sqrt[7]{x^3}\,\mathrm{d}x$
b) $\int \frac{1}{\sqrt[3]{x}}\,\mathrm{d}x$
c) $\int \left(\sqrt{x} + \frac{1}{x^2}\right)\mathrm{d}x$
d) $\int \sqrt{x}(1+x)\,\mathrm{d}x$
e) $\int \frac{x^2+3x-1}{x^3}\,\mathrm{d}x$
f) $\int \frac{1+\cos^2 t}{\cos^2 t}\,\mathrm{d}t$

2. Calcule cada uma das integrais definidas.

a) $\int_4^5 \frac{1}{x}\,\mathrm{d}x$
b) $\int_{-3}^{-2} \frac{1}{x}\,\mathrm{d}x$
c) $\int_1^4 \frac{1+x}{\sqrt{x}}$
d) $\int_0^{\pi/4} \frac{1+\cos^2 t}{\cos^2 t}\,\mathrm{d}t$
e) $\int_0^{\pi/4} \frac{1+\cos^2 x}{\cos^2 x}\,\mathrm{d}x$
f) $\int_0^{\pi/4} \frac{1+\operatorname{sen}^2 t}{\cos^2 t}\,\mathrm{d}t$

3. Determine as integrais indefinidas. Use a técnica da substituição se achar necessário.

a) $\int \frac{\ln^2 x}{x}\,\mathrm{d}x$
b) $\int \cos(2x)\,\mathrm{d}x$
c) $\int e^{3x+1}\,\mathrm{d}x$
d) $\int x\sqrt{1-x^2}\,\mathrm{d}x$
e) $\int \frac{\operatorname{sen}\sqrt{x}}{\sqrt{x}}\,\mathrm{d}x$
f) $\int x(1+x)^{100}\,\mathrm{d}x$
g) $\int \frac{1}{4+x^2}\,\mathrm{d}x$
h) $\int \frac{x}{1+x^2}\,\mathrm{d}x$
i) $\int \frac{x}{1+x^4}\,\mathrm{d}x$
j) $\int \frac{1}{x^2+2x+2}\,\mathrm{d}x$
k) $\int 3^x\,\mathrm{d}x$
l) $\int 3^x e^x\,\mathrm{d}x$
m) $\int x\operatorname{tg}(x^2)\,\mathrm{d}x$
n) $\int \frac{e^x}{1+e^{2x}}\,\mathrm{d}x$

Respostas

Exercício 1

a) $\dfrac{7\sqrt[7]{x^{10}}}{10} + C$

b) $\dfrac{3}{2}\sqrt[3]{x^2} + C$

c) $\dfrac{2\sqrt{x^3}}{3} - \dfrac{1}{x} + C$

d) $\dfrac{2x\sqrt{x}(3x+5)}{15} + C$

e) $\ln|x| - \dfrac{3}{x} + \dfrac{1}{2x^2} + C$

f) $\operatorname{tg} t + t + C$

Exercício 2

a) $\ln\left(\dfrac{5}{4}\right)$

b) $\ln\left(\dfrac{2}{3}\right)$

c) $\dfrac{20}{3}$

d) $\dfrac{4+\pi}{4}$

e) $\dfrac{4+\pi}{4}$

f) $\dfrac{8-\pi}{4}$

Exercício 3

a) $\dfrac{(\ln x)^3}{3} + C$

b) $\dfrac{\operatorname{sen}(2x)}{2} + C$

c) $\dfrac{e^{3x+1}}{3} + C$

d) $-\dfrac{\sqrt{(1-x^2)^3}}{3} + C$

e) $-2\cos(\sqrt{x}) + C$

f) $\dfrac{(x+1)^{102}}{102} - \dfrac{(x+1)^{101}}{101} + C$

g) $\dfrac{1}{2} \cdot \operatorname{arctg}\left(\dfrac{x}{2}\right) + C$

h) $\dfrac{\ln(1+x^2)}{2} + C$

i) $\dfrac{\operatorname{arctg}(x^2)}{2} + C$

j) $\operatorname{arctg}(x+1) + C$

k) $\dfrac{3^x}{\ln 3} + C$

l) $\dfrac{3^x e^x}{1 + \ln 3} + C$

m) $\dfrac{\ln|\sec(x^2)|}{2} + C$

n) $\operatorname{arctg}(e^x) + C$

2.5 Integração por Partes

Vimos na seção anterior que o processo inverso da regra da cadeia é chamada de técnica da substituição. Nesta seção, vamos estudar o *processo inverso* da regra do produto de derivadas, que chamamos de *integração por partes*.

A ideia da dedução da fórmula é bem simples! Se $f, g : [a, b] \to \mathbb{R}$ são funções de classe C^1, isto é, possuem derivadas contínuas, então a regra do produto diz que

$$(f \cdot g)'(x) = f'(x) \cdot g(x) + f(x) \cdot g'(x).$$

Observando que $f \cdot g$ é primitiva de $(f \cdot g)'$ e integrando a igualdade acima, temos

$$\int_a^b [f'(x) \cdot g(x) + f(x) \cdot g'(x)] \, dx = \int_a^b (f \cdot g)'(x) \, dx = f(x)g(x)\Big|_a^b.$$

Organizando a expressão acima, temos

$$\int_a^b f(x) \cdot g'(x) \, dx = f(x)g(x)\Big|_a^b - \int_a^b f'(x) \cdot g(x) \, dx.$$

Teorema 2.5.1: Integração por Partes

Sejam f, g funções de classe C^1, então

$$\int f(x)g'(x) \, dx = f(x).g(x) - \int f'(x)g(x) \, dx.$$

Recomendamos a nossa videoaula Introdução a Integração por Partes para verificar os primeiros exemplos e entender como funcionam as contas.

Se escrevermos $u = f(x)$, $v = g(x)$ e utilizarmos a notação de diferencial $du = f'(x) \, dx$ e $dv = g'(x) \, dx$, então a fórmula acima fica

$$\int u \, dv = uv - \int v \, du.$$

Exemplo 2.5.2: Para integrar $\int xe^x \, dx$, devemos utilizar integração por partes. Façamos $u = x$ e $dv = e^x$, temos que

$$\begin{aligned} u &= x \quad \Rightarrow \quad du = dx, \\ v &= e^x \quad \Rightarrow \quad dv = e^x \, dx. \end{aligned}$$

Daí,

$$\begin{aligned} \int \overbrace{x}^{u} \overbrace{e^x \, dx}^{dv} &= \overbrace{x}^{u} \overbrace{e^x}^{v} - \int \overbrace{e^x}^{v} \overbrace{dx}^{du} \\ &= xe^x - e^x + C. \end{aligned}$$

Ao aplicar a integração por partes, deve-se checar que a nova integral seja mais fácil de resolver que o primeiro caso. No exemplo anterior, se escolhêssemos $u = e^x$ e $dv = x$, teríamos

$$\begin{aligned} u &= e^x \quad \Rightarrow \quad du = e^x dx, \\ v &= \frac{x^2}{2} \quad \Rightarrow \quad dv = x dx. \end{aligned}$$

$$\int \overbrace{e^x}^{u} \overbrace{x \, dx}^{dv} = \overbrace{e^x}^{u} \overbrace{\frac{x^2}{2}}^{v} - \int \overbrace{\frac{x^2}{2}}^{v} \overbrace{e^x dx}^{du}.$$

Neste caso, a nova integral é mais *complicada* de calcular que a primeira.

Exemplo 2.5.3: Vamos calcular $\int x^2 \cos x \, dx$. Vamos utilizar integração por partes.

$$\begin{aligned} u &= x^2 \quad \Rightarrow \quad du = 2x \, dx, \\ v &= \operatorname{sen} x \quad \Rightarrow \quad dv = \cos x \, dx. \end{aligned}$$

$$\int \overbrace{x^2}^{u} \overbrace{\cos x \, dx}^{dv} = \overbrace{x^2}^{u} \overbrace{\operatorname{sen} x}^{v} - \int \overbrace{\operatorname{sen} x}^{v} \cdot \overbrace{2x \, dx}^{du}.$$

Note que $\int 2x \operatorname{sen} x \, dx$ não é primitiva elementar, mas aparenta ser uma integral mais fácil de resolver. Vamos utilizar integração por partes de novo.

$$\begin{aligned} u &= 2x \quad \Rightarrow \quad du = 2 \, dx, \\ v &= -\cos x \quad \Rightarrow \quad dv = \operatorname{sen} x \, dx. \end{aligned}$$

$$\int \overbrace{2x}^{u} \overbrace{\operatorname{sen} x \, dx}^{dv} = \overbrace{2x}^{u} \overbrace{(-\cos x)}^{v} - \int \overbrace{(-\cos x)}^{v} \cdot \overbrace{2 \, dx}^{du}.$$

Organizando as contas, temos

$$\int 2x \operatorname{sen} x \, dx = -2x \cos x + 2 \int \cos x \, dx = -2x \cos x + 2 \operatorname{sen} x + C.$$

Finalmente, temos que

$$\begin{aligned}\int x^2 \cos x \, dx &= x^2 \operatorname{sen} x - \left(\int 2x \operatorname{sen} x \, dx\right)\\ &= x^2 \operatorname{sen} x - (-2x \cos x + 2 \operatorname{sen} x + C)\\ &= x^2 \operatorname{sen} x + 2x \cos x - 2 \operatorname{sen} x - C.\end{aligned}$$

A resposta acima está correta, mas, para manter o padrão, pode-se trocar $-C$ por $+C$, obtendo

$$\int x^2 \cos x \, dx = x^2 \operatorname{sen} x + 2x \cos x - 2 \operatorname{sen} x + C.$$

Exemplo 2.5.4: Para calcular $\int x^2 \ln x \, dx$, vamos utilizar integração por partes.

$$u = \ln x \quad \Rightarrow \quad du = \frac{1}{x} \, dx,$$

$$v = \frac{x^3}{3} \quad \Rightarrow \quad dv = x^2 \, dx.$$

$$\int \overbrace{\ln x}^{u} \, \overbrace{x^2 \, dx}^{dv} = \overbrace{\ln x}^{u} \cdot \overbrace{\frac{x^3}{3}}^{v} - \int \overbrace{\frac{x^3}{3}}^{v} \cdot \overbrace{\frac{1}{x} \, dx}^{du}.$$

Logo $\int x^2 \ln x \, dx = \frac{x^3}{3} \ln x - \int \frac{x^2}{3} \, dx = \frac{x^3 \ln x}{3} - \frac{x^3}{9} + C.$

Para mais exemplos, recomendamos a videoaula Exemplos de Integração por Partes.

Exemplo 2.5.5: Vamos calcular $\int \operatorname{arctg} x \, dx$. A ideia é derivar $\operatorname{arctg} x$.

$$u = \operatorname{arctg} x \quad \Rightarrow \quad du = \frac{1}{1+x^2} \, dx,$$

$$v = x \quad \Rightarrow \quad dv = dx.$$

$$\int \overbrace{\operatorname{arctg} x}^{u} \, \overbrace{dx}^{dv} = \overbrace{\operatorname{arctg} x}^{u} \cdot \overbrace{x}^{v} - \int \overbrace{x}^{v} \cdot \overbrace{\frac{1}{1+x^2} \, dx}^{du}.$$

Para a integral $\int \frac{x}{1+x^2} \, dx$, façamos $u = 1 + x^2$. Daí $du = 2x \, dx$ e, portanto,

$$\int \frac{x}{1+x^2}\,\mathrm{d}x = \int \frac{1}{2u}\,\mathrm{d}u = \frac{\ln|u|}{2} + C = \frac{\ln(1+x^2)}{2} + C.$$

É interessante notar que $1+x^2 > 0$ para todo x e,daí, $|1+x^2| = 1+x^2$. Logo

$$\int \operatorname{arctg} x\,\mathrm{d}x = x\operatorname{arctg} x - \int \frac{x}{1+x^2}\,\mathrm{d}x = x\operatorname{arctg} x - \frac{\ln(1+x^2)}{2} - C.$$

A resposta acima está correta, mas é comum colocar como resposta final

$$\int \operatorname{arctg} x\,\mathrm{d}x = x\ \operatorname{arctg} x - \frac{\ln(1+x^2)}{2} + C.$$

O último estilo de exemplo é quando a nova integral é parecida com o primeiro.

Exemplo 2.5.6: Vamos calcular $\int e^{2x}\operatorname{sen} x\,\mathrm{d}x$ com a integração por partes.

$$u = e^{2x} \quad \Rightarrow \quad \mathrm{d}u = 2e^{2x}\,\mathrm{d}x,$$

$$v = -\cos x \quad \Rightarrow \quad \mathrm{d}v = \operatorname{sen} x\,\mathrm{d}x.$$

$$\int \overbrace{e^{2x}}^{u}\,\overbrace{\operatorname{sen} x\,\mathrm{d}x}^{\mathrm{d}v} = \overbrace{e^{2x}}^{u}\cdot\overbrace{(-\cos x)}^{v} - \int \overbrace{(-\cos x)}^{v}\cdot\overbrace{2e^{2x}\,\mathrm{d}x}^{\mathrm{d}u}.$$

Melhorando a expressão acima, temos

$$\int e^{2x}\operatorname{sen} x\,\mathrm{d}x = -e^{2x}\cos x + 2\int e^{2x}\cos x\,\mathrm{d}x.$$

Vamos utilizar integração por partes de novo.

$$u = e^{2x} \quad \Rightarrow \quad \mathrm{d}u = 2e^{2x}\,\mathrm{d}x,$$

$$v = \operatorname{sen} x \quad \Rightarrow \quad \mathrm{d}v = \cos x\,\mathrm{d}x.$$

$$\int \overbrace{e^{2x}}^{u}\,\overbrace{\cos x\,\mathrm{d}x}^{\mathrm{d}v} = \overbrace{e^{2x}}^{u}\cdot\overbrace{\operatorname{sen} x}^{v} - \int \overbrace{\operatorname{sen} x}^{v}\cdot\overbrace{2e^{2x}\,\mathrm{d}x}^{\mathrm{d}u}.$$

Para facilitar a visualização, denote $I = \int e^{2x} \operatorname{sen} x \, \mathrm{d}x$. Temos então

$$\begin{aligned} I = \int e^{2x} \operatorname{sen} x \, \mathrm{d}x &= -e^{2x} \cos x + 2 \left(\int e^{2x} \cos x \, \mathrm{d}x \right) \\ &= -e^{2x} \cos x + 2 \left(e^{2x} \operatorname{sen} x - 2I \right) \\ &= -e^{2x} \cos x + 2e^{2x} \operatorname{sen} x - 4I \end{aligned}$$

Logo $I = -e^{2x} \cos x + 2e^{2x} \operatorname{sen} x - 4I$. Isolando I, temos

$$5I = -e^{2x} \cos x + 2e^{2x} \operatorname{sen} x.$$

E, portanto,

$$I = \frac{-e^{2x} \cos x + 2e^{2x} \operatorname{sen} x}{5} + C.$$

Exemplo 2.5.7: No exemplo 2.4.7, calculamos $\int \frac{\ln x}{x} \, \mathrm{d}x$ usando a substituição $u = \ln x$. Vamos resolvê-la utilizando integração por partes.

$$\begin{aligned} u = \ln x \quad &\Rightarrow \quad \mathrm{d}u = \frac{1}{x} \, \mathrm{d}x, \\ v = \ln x \quad &\Rightarrow \quad \mathrm{d}v = \frac{1}{x} \mathrm{d}x. \end{aligned}$$

$$\int \overbrace{\ln x}^{u} \overbrace{\frac{1}{x} \mathrm{d}x}^{\mathrm{d}v} = \overbrace{\ln x}^{u} \cdot \overbrace{\ln x}^{v} - \int \overbrace{\ln x}^{v} \cdot \overbrace{\frac{1}{x} \, \mathrm{d}x}^{\mathrm{d}u}$$

Façamos $I = \int \frac{\ln x}{x} \, \mathrm{d}x$ e, portanto, $I = \ln^2 x - I$. Isolando I e não esquecendo de colocarmos $+C$ na resposta final, concluímos que

$$\int \frac{\ln x}{x} \, \mathrm{d}x = I = \frac{\ln^2 x}{2} + C.$$

Exercícios

1. Integre cada uma das funções a seguir.

a) $\int x \cos x \, dx$ b) $\int x^2 \cos x \, dx$

c) $\int x \operatorname{sen}(2x) \, dx$ d) $\int \ln(1+x) \, dx$

e) $\int \ln(3x+2) \, dx$ f) $\int (\ln x)^2 \, dx$

g) $\int e^x \cos x \, dx$ h) $\int e^{3x} \operatorname{sen} x \, dx$

i) $\int \cos(\ln x) \, dx$ j) $\int e^{\sqrt{x}} \, dx$

2. Calcule as integrais definidas.

a) $\int_0^1 xe^{-x} \, dx$ b) $\int_1^e \ln x \, dx$

c) $\int_0^{\pi^2/4} \cos \sqrt{x} \, dx$ d) $\int_0^1 x^2 \operatorname{arctg} x \, dx$

e) $\int_0^{\pi/3} \cos(3x) \cdot \cos(4x) \, dx$ f) $\int_1^{e^2} (\ln x)^3 \, dx$

Respostas

Exercício 1

a) $x \operatorname{sen} x + \cos x + C$

b) $(x^2 - 2) \operatorname{sen} x + 2x \cos x + C$

c) $\dfrac{\operatorname{sen}(2x) - 2x \cos(2x)}{4} + C$

d) $(x+1)\ln(1+x) - x + C$

e) $\dfrac{(3x+2)\ln(3x+2)}{3} - x + C$

f) $x((\ln x)^2 - 2\ln x + 2) + C$

g) $\dfrac{e^x \operatorname{sen} x + e^x \cos x}{2} + C$

h) $\dfrac{3e^{3x} \operatorname{sen} x - e^{3x} \cos x}{10} + C$

i) $\dfrac{x \operatorname{sen}(\ln x) + x \cos(\ln x)}{2} + C$

j) $2(\sqrt{x} - 1)e^{\sqrt{x}} + C$

Exercício 2

a) $\dfrac{e-2}{e}$

b) 1

c) $\pi - 2$

d) $\dfrac{\pi - 2 + 2\ln 2}{12}$

e) $\dfrac{2\sqrt{3}}{7}$

f) $6 + 2e^2$

2.6 Integração de Funções Trigonométricas

Como as funções trigonométricas possuem muitas fórmulas de *simetrias*, é natural que, ao integrarmos funções que sejam multiplicação de funções trigonométricas, existirem várias formas de se resolver a integral. Para relembrarmos de algumas fórmulas, sugerimos a nossa videoaula [Revisão] - Funções Trigonométricas.

Fórmulas Trigonométricas com Senos e Cossenos	
$\operatorname{sen}(\alpha \pm \beta) = \operatorname{sen}\alpha\cos\beta \pm \operatorname{sen}\beta\cos\alpha$	$\operatorname{sen}2x = 2\operatorname{sen}x\cos x$
$\cos(\alpha \pm \beta) = \cos\alpha\cos\beta \mp \operatorname{sen}\alpha\operatorname{sen}\beta$	$\cos 2x = 2\cos^2 x - 1 = 1 - 2\operatorname{sen}^2 x$
$\operatorname{sen}(\alpha+\beta) + \operatorname{sen}(\alpha-\beta) = 2\operatorname{sen}\alpha\cos\beta$	$(\cos kx)' = -k\operatorname{sen}kx$
$\operatorname{sen}(\alpha+\beta) - \operatorname{sen}(\alpha-\beta) = 2\operatorname{sen}\beta\cos\alpha$	$(\operatorname{sen}kx)' = k\cos kx$
$\cos(\alpha+\beta) + \cos(\alpha-\beta) = 2\cos\alpha\cos\beta$	$\int \operatorname{sen}(kx)\,\mathrm{d}x = -\frac{\cos(kx)}{k} + C$
	$\int \cos(kx)\,\mathrm{d}x = \frac{\operatorname{sen}(kx)}{k} + C$

Sugerimos ao leitor memorizar as fórmulas da direita da tabela, pois são utilizadas com bastante frequência nas técnicas de integração. As integrais do seno e cosseno são fáceis de deduzir como antiderivadas, mas é fácil se confundir o sinal, então preste bastante atenção.

Quanto à parte esquerda da tabela, são utilizados apenas em algumas integrais específicas. Estas integrais específicas costumam ter uma resolução alternativa via integração por partes. Além disso, reforçamos que as fórmulas de prostaférese sempre sejam deduzidas, pois são fórmulas fáceis de se errar o sinal. Por exemplo, no primeiro quadro, temos duas fórmulas compactadas, a saber

$$\operatorname{sen}(\alpha+\beta) = \operatorname{sen}\alpha\cos\beta + \operatorname{sen}\beta\cos\alpha, \tag{1}$$
$$\operatorname{sen}(\alpha-\beta) = \operatorname{sen}\alpha\cos\beta - \operatorname{sen}\beta\cos\alpha. \tag{2}$$

Somando as equações (1) e (2), temos que

$$\operatorname{sen}(\alpha+\beta) + \operatorname{sen}(\alpha-\beta) = 2\operatorname{sen}\alpha\cos\beta.$$

Da mesma forma, subtraindo as equações (1) e (2), temos

$$\operatorname{sen}(\alpha+\beta) - \operatorname{sen}(\alpha-\beta) = 2\operatorname{sen}\beta\cos\alpha.$$

Para resolução de várias integrais, recomendamos a videoaula Integração de Funções Trigonométricas - Senos e Cossenos. Vamos resolver alguns exemplos para entendermos o procedimento.

Exemplo 2.6.1: Vamos calcular $\displaystyle\int \cos^3 x \, dx$.

Escreva $\cos^3 x = \cos^2 x \cdot \cos x = (1 - \operatorname{sen}^2 x) \cdot \cos x$ e faça a substituição $u = \operatorname{sen} x$, então $du = \cos x \, dx$. Daí,

$$\begin{aligned}\int \cos^3 x \, dx &= \int (1 - \operatorname{sen}^2 x) \cos x \, dx = \int (1 - u^2) \, du \\ &= u - \frac{u^3}{3} + C = \operatorname{sen} x - \frac{\operatorname{sen}^3 x}{3} + C.\end{aligned}$$

Avisamos que é possível calcular a integral acima por partes. Mais precisamente,

$$\begin{aligned} u = \cos^2 x \quad &\Rightarrow \quad du = -2 \operatorname{sen} x \cos x \, dx, \\ v = \operatorname{sen} x \quad &\Rightarrow \quad dv = \cos x \, dx. \end{aligned}$$

$$\begin{aligned}\int \overbrace{\cos^2 x}^{u} \overbrace{\cos x dx}^{dv} &= \overbrace{\cos^2 x}^{u} \cdot \overbrace{\operatorname{sen} x}^{v} - \int \overbrace{\operatorname{sen} x}^{v} \cdot \overbrace{(-2 \operatorname{sen} x \cos x) \, dx}^{du} \\ &= \cos^2 x \cdot \operatorname{sen} x + 2 \int \operatorname{sen}^2 x \cos x \, dx.\end{aligned}$$

Façamos $\displaystyle\int I = \cos^3 x$ e utilizamos a fórmula $\operatorname{sen}^2 x = 1 - \cos^2 x$, temos que

$$\begin{aligned} I &= \cos^2 x \cdot \operatorname{sen} x + 2 \int (1 - \cos^2 x) \cos x \, dx \\ &= \cos^2 x \cdot \operatorname{sen} x + 2 \int \cos x \, dx - 2I. \end{aligned}$$

Concluímos daí que

$$3I = \cos^2 x \cdot \operatorname{sen} x + 2 \int \cos x \, dx.$$

Isso mostra que

$$I = \frac{\cos^2 x \cdot \operatorname{sen} x}{3} + \frac{2 \operatorname{sen} x}{3} + C.$$

Exemplo 2.6.2: Dado $n \geq 2$, a fórmula de recorrência das integrais de potências de seno é dada pela seguinte fórmula

$$\int \operatorname{sen}^n x \, \mathrm{d}x = -\frac{(\operatorname{sen} x)^{n-1} \cos x}{n} + \frac{n-1}{n} \int (\operatorname{sen} x)^{n-2} \, \mathrm{d}x.$$

A demonstração deste resultado é via integração por partes.

$$u = \operatorname{sen}^{n-1} x \quad \Rightarrow \quad \mathrm{d}u = (n-1)(\operatorname{sen} x)^{n-2} \cos x \, \mathrm{d}x,$$

$$v = -\cos x \quad \Rightarrow \quad \mathrm{d}v = \operatorname{sen} x \, \mathrm{d}x.$$

$$\int \overbrace{\operatorname{sen}^{n-1} x}^{u} \overbrace{\operatorname{sen} x \, \mathrm{d}x}^{\mathrm{d}v} = \overbrace{\operatorname{sen}^{n-1} x}^{u} \cdot \overbrace{(-\cos x)}^{v} -$$

$$- \int \overbrace{(-\cos x)}^{v} \cdot \overbrace{(n-1)(\operatorname{sen} x)^{n-2} \cos x \, \mathrm{d}x}^{\mathrm{d}u}.$$

Arrumando as contas acima, temos

$$\int \operatorname{sen}^n x \, \mathrm{d}x = -(\operatorname{sen} x)^{n-1} \cdot \cos x + (n-1) \int (\operatorname{sen} x)^{n-2} \cos^2 x \, \mathrm{d}x.$$

Daí, utilizando que $\cos^2 x = 1 - \operatorname{sen}^2 x$ e escrevendo $I_n = \int \operatorname{sen}^n x \, \mathrm{d}x$, temos

$$I_n = -(\operatorname{sen} x)^{n-1} \cos x + (n-1)(I_{n-2} - I_n).$$

Reorganizando as contas acima, temos que

$$nI_n = -(\operatorname{sen} x)^{n-1} \cos x + (n-1)I_{n-2}.$$

Concluímos que

$$I_n = -\frac{(\operatorname{sen} x)^{n-1} \cos x}{n} + \frac{n-1}{n} \int (\operatorname{sen} x)^{n-2} \, \mathrm{d}x.$$

Exemplo 2.6.3: Para calcular a integral de $\int \operatorname{sen}^2 x \, \mathrm{d}x$, basta utilizar a fórmula acima para $n = 2$. Temos, portanto,

$$\int \operatorname{sen}^2 x \, \mathrm{d}x = \frac{-\operatorname{sen} x \cos x}{2} + \frac{1}{2} \int 1 \, \mathrm{d}x = \frac{-\operatorname{sen} x \cos x + x}{2} + C.$$

Um método alternativo para a resolução da integral deste exemplo é utilizar a fórmula $\cos 2x = 1 - 2\operatorname{sen}^2 x$ e, portanto, $\operatorname{sen}^2 x = \dfrac{1-\cos 2x}{2}$. Daí,

$$\int \operatorname{sen}^2 x \, \mathrm{d}x = \int \left(\frac{1}{2} - \frac{\cos 2x}{2}\right) \mathrm{d}x = \frac{x}{2} - \frac{\operatorname{sen} 2x}{4} + C.$$

Exemplo 2.6.4: Vamos calcular $\displaystyle\int \operatorname{sen}^6 x \, \mathrm{d}x$, com a fórmula de recorrência acima.

$$\begin{aligned}
\int \operatorname{sen}^6 x \, \mathrm{d}x &= -\frac{(\operatorname{sen} x)^5 \cos x}{6} + \frac{5}{6}\int \operatorname{sen}^4 x \, \mathrm{d}x \\
&= -\frac{(\operatorname{sen} x)^5 \cos x}{6} + \frac{5}{6}\left(-\frac{(\operatorname{sen} x)^3 \cos x}{4} + \frac{3}{4}\int (\operatorname{sen}^2 x) \, \mathrm{d}x\right) \\
&= -\frac{\operatorname{sen}^5 x \cos x}{6} - \frac{5\operatorname{sen}^3 x \cos x}{24} + \frac{5}{8}\int \operatorname{sen}^2 x \, \mathrm{d}x \\
&= -\frac{\operatorname{sen}^5 x \cos x}{6} - \frac{5\operatorname{sen}^3 x \cos x}{24} - \frac{5\operatorname{sen} x \cos x}{16} + \frac{5x}{16} + C.
\end{aligned}$$

Exemplo 2.6.5: Para integrarmos $\displaystyle\int \operatorname{sen}(5x)\cos(4x) \, \mathrm{d}x$, usaremos a fórmula de prostaférese que diz que $\operatorname{sen}(5x)\cos(4x) = \dfrac{\operatorname{sen}(9x) + \operatorname{sen}(x)}{2}$. Daí, temos

$$\begin{aligned}
\int \operatorname{sen}(5x)\cos(4x) \, \mathrm{d}x &= \int \left(\frac{\operatorname{sen}(9x) + (\operatorname{sen} x)}{2}\right) \mathrm{d}x \\
&= \frac{1}{2}\left(-\frac{\cos 9x}{9} - \cos x\right) + C \\
&= -\frac{\cos 9x}{18} - \frac{\cos x}{2} + C.
\end{aligned}$$

Também é possível resolvermos a integral acima utilizando partes, nos mesmos moldes que a integral $\displaystyle\int e^{2x} \operatorname{sen} x \, \mathrm{d}x$, vista no exemplo 2.5.6.

Outras integrais com bastante simetrias são do tipo $\operatorname{tg} x$ e $\sec x$. Recomendamos as videoaulas Integrais de Funções Trigonométricas - Função Secante e Integrais de Funções Trigonométricas - Função Tangente para entender melhor os procedimentos adotados. Na videoaula, explicamos a dedução da fórmula de $\displaystyle\int \sec x \, \mathrm{d}x = \ln|\sec x + \operatorname{tg} x| + C$.

Para resolver essas integrais com tangente e secante, sugerimos decorar as seguintes fórmulas:

$$\sec^2 x = 1 + \operatorname{tg}^2 x,$$

$$\int \sec^2 x \, dx = \operatorname{tg} x + C,$$

$$\int \sec x \, dx = \ln|\sec x + \operatorname{tg} x| + C.$$

Exemplo 2.6.6: Considere $\int \sec^n x \, dx$ com $n > 2$. Temos que

$$u = \sec^{n-2} x \quad \Rightarrow \quad du = (n-2)(\sec x)^{n-3} \cdot (\sec x \cdot \operatorname{tg} x)\, dx,$$

$$v = \operatorname{tg} x \quad \Rightarrow \quad dv = \sec^2 x \, dx.$$

$$\int \overbrace{\sec^{n-2} x}^{u}\, \overbrace{\sec^2 x \, dx}^{dv} = \overbrace{\sec^{n-2} x}^{u} \cdot \overbrace{\operatorname{tg} x}^{v} - \int \overbrace{\operatorname{tg} x}^{v} \cdot \overbrace{(n-2)(\sec x)^{n-2} \cdot \operatorname{tg} x \, dx}^{du}.$$

Arrumando as contas, temos

$$\int \sec^n x \, dx = (\sec x)^{n-2} \cdot \operatorname{tg} x - (n-2) \int (\sec x)^{n-2} \cdot \operatorname{tg}^2 x \, dx.$$

Daí, utilizando que $\operatorname{tg}^2 x = \sec^2 x - 1$ e escrevendo $I_n = \int \sec^n x \, dx$, temos

$$I_n = (\sec x)^{n-2} \cdot \operatorname{tg} x - (n-2)(I_n - I_{n-2}).$$

Reorganizando as contas acima, temos que

$$(n-1)I_n = (\sec x)^{n-2} \cdot \operatorname{tg} x + (n-2)I_{n-2}.$$

Concluímos que $I_n = \dfrac{(\sec x)^{n-2} \cdot \operatorname{tg} x}{n-1} + \dfrac{n-2}{n-1} \displaystyle\int (\sec x)^{n-2} \, dx.$

Exemplo 2.6.7: Para resolvermos $\int \sec^3 x \, dx$, vamos utilizar fórmula de recorrência acima para $n = 3$,

$$\begin{aligned} \int \sec^3 x \, dx &= \frac{\sec x \cdot \operatorname{tg} x}{2} + \frac{1}{2} \int \sec x \, dx \\ &= \frac{\sec x \cdot \operatorname{tg} x}{2} + \frac{1}{2} \ln|\sec x + \operatorname{tg} x| + C. \end{aligned}$$

Exemplo 2.6.8: Vamos resolver $\int \sec^4 x \, dx$ de duas formas distintas; a primeira forma é utilizarmos a fórmula de recorrência para $n = 4$,

$$\int \sec^4 x \, dx = \frac{\sec^2 x \cdot \operatorname{tg} x}{3} + \frac{2}{3} \int \sec^2 x \, dx$$
$$= \frac{\sec^2 x \cdot \operatorname{tg} x}{3} + \frac{2 \operatorname{tg} x}{3} + C.$$

A segunda resolução é utilizar a igualdade $\sec^2 x = \operatorname{tg}^2 x + 1$ e fazer a substituição $u = \operatorname{tg} x$, daí, $du = \sec^2 x \, dx$ e, portanto,

$$\int \sec^4 x \, dx = \int \sec^2 x \sec^2 x dx = \int (\operatorname{tg}^2 x + 1) \cdot \sec^2 x \, dx$$
$$= \int (u^2 + 1) \, du = \frac{u^3}{3} + u + C = \frac{\operatorname{tg}^3 x}{3} + \operatorname{tg} x + C.$$

Para integrar as funções em que aparecem tangentes, em geral, utilizamos uma das transformações $\operatorname{tg} x = \dfrac{\operatorname{sen} x}{\cos x}$ ou $\operatorname{tg}^2 x = \sec^2 x - 1$.

Exemplo 2.6.9: No exemplo 2.4.9, fizemos $\int \operatorname{tg} x \, dx$. Vamos, neste exemplo, calcular $\int \operatorname{tg}^3 x \, dx$.

$$\int \operatorname{tg}^3 x \, dx = \int \frac{\operatorname{sen}^3 x}{\cos^3 x} \, dx = \int \frac{\operatorname{sen}^2 x}{\cos^3 x} \operatorname{sen} x \, dx$$
$$= \int \frac{1 - \cos^2 x}{\cos^3 x} \cdot \operatorname{sen} x \, dx.$$

Façamos a substituição $u = \cos x$ e, portanto, $du = -\operatorname{sen} x \, dx$. Daí,

$$\int \operatorname{tg}^3 x \, dx = \int \frac{1 - u^2}{u^3} (-du) = \int \frac{u^2 - 1}{u^3} \, du$$
$$= \int \left(\frac{1}{u} - \frac{1}{u^3} \right) du = \ln |u| + \frac{1}{2u^2} + C$$
$$= \ln |\cos x| + \frac{1}{2 \cos^2 x} + C = \ln |\cos x| + \frac{\sec^2 x}{2} + C.$$

A dedução da fórmula de recorrência de $\int \operatorname{tg}^n x \, dx$ é um pouco mais simples quando comparada com as fórmulas de recorrência das potências de seno e das potências de secante.

Exemplo 2.6.10: Seja $I_n = \displaystyle\int \mathrm{tg}^n\, x\, \mathrm{d}x$, em que $n \geq 2$. Temos, portanto,

$$\begin{aligned} I_n = \int \mathrm{tg}^n\, x\, \mathrm{d}x = \int \mathrm{tg}^{n-2}\, x \cdot \mathrm{tg}^2\, x\, \mathrm{d} = \int \mathrm{tg}^{n-2}\, x \cdot (\sec^2 x - 1)\, \mathrm{d}x \\ = \int \mathrm{tg}^{n-2}\, x \sec^2 x\, \mathrm{d}x - \int \mathrm{tg}^{n-2}\, x\, \mathrm{d}x \\ = \int \mathrm{tg}^{n-2}\, x \sec^2 x\, \mathrm{d}x - I_{n-2}. \end{aligned}$$

Para resolvermos a integral que falta, façamos $u = \mathrm{tg}\, x$, temos que $\mathrm{d}u = \sec^2 x\, \mathrm{d}x$. Daí,

$$\begin{aligned} \int \mathrm{tg}^{n-2}\, x \sec^2 x\, \mathrm{d}x = \int u^{n-2}\, \mathrm{d}u = \frac{u^{n-1}}{n-1} + C \\ = \frac{\mathrm{tg}^{n-1}\, x}{n-1} + C. \end{aligned}$$

Concluimos, portanto, a fórmula de recorrência

$$\int \mathrm{tg}^n\, x\, \mathrm{d}x = \frac{\mathrm{tg}^{n-1}\, x}{n-1} - \int \mathrm{tg}^{n-2}\, x\, \mathrm{d}x.$$

Exercícios

1. Calcule as integrais das funções trigonométricas abaixo.

a) $\int \operatorname{sen}^2(3x)\,\mathrm{d}x$ b) $\int \cos^4 x\,\mathrm{d}x$

c) $\int \cos x \operatorname{sen}^2 x\,\mathrm{d}x$ d) $\int \operatorname{sen}^2 x \cos^2 x\,\mathrm{d}x$

e) $\int \operatorname{tg} x \sec^2 x\,\mathrm{d}x$ f) $\int \operatorname{tg}^2 x \sec x\,\mathrm{d}x$

g) $\int \operatorname{tg}^3 x \sec^2 x\,\mathrm{d}x$ h) $\int \frac{\sec x}{\operatorname{tg}^2 x}\,\mathrm{d}x$

2. Mostre a seguinte fórmula de recorrência para os cossenos

$$\int \cos^n x\,\mathrm{d}x = \frac{\cos^{n-1} x \cdot \operatorname{sen} x}{n} + \frac{n-1}{n}\int \cos^{n-2} x\,\mathrm{d}x.$$

3. Sejam m, n números inteiros não nulos, mostre as seguintes igualdades.

a) $\int_{-\pi}^{\pi} \cos(mx) \cdot \cos(nx)\,\mathrm{d}x = 0$, se $n \neq m$.

b) $\int_{-\pi}^{\pi} \operatorname{sen}(mx) \cdot \operatorname{sen}(nx)\,\mathrm{d}x = 0$, se $n \neq m$.

c) $\int_{-\pi}^{\pi} \cos(mx) \cdot \cos(nx)\,\mathrm{d}x = \pi$, se $n = m$.

d) $\int_{-\pi}^{\pi} \operatorname{sen}(mx) \cdot \operatorname{sen}(nx)\,\mathrm{d}x = \pi$, se $n = m$.

e) $\int_{-\pi}^{\pi} \operatorname{sen}(mx) \cdot \cos(nx)\,\mathrm{d}x = 0$, para todo $n, m \in \mathbb{N}$.

Respostas

Exercício 1

a) $\dfrac{x}{2} - \dfrac{\operatorname{sen}(6x)}{12} + C$ b) $\dfrac{3x}{8} + \dfrac{\operatorname{sen}(2x)}{4} + \dfrac{\operatorname{sen}(4x)}{32} + C$

c) $\dfrac{(\operatorname{sen} x)^3}{3} + C$ d) $\dfrac{x}{8} - \dfrac{\operatorname{sen}(4x)}{32} + C$

e) $\dfrac{(\operatorname{tg} x)^2}{2} + C$ f) $\dfrac{(\sec x)\operatorname{tg} x - \ln|\sec x + \operatorname{tg} x|}{2} + C$

g) $\dfrac{(\operatorname{tg} x)^4}{4} + C$ h) $-\operatorname{cossec}(x) + C$

2.7 Soma de Riemann e Aplicações na Geometria

Vimos na seção 1.2 a importante soma de áreas de retângulos de *bases infinitesimais* para o cálculo de área em regiões mais gerais. Esse pensamento foi simplesmente revolucionário e algumas adaptações dessa ideia geram aplicações muito interessantes. Começamos, portanto, revisitando a soma de áreas de retângulos e a formulação de Riemann para uma função integrável.

Considere $f : [a, b] \to \mathbb{R}$ uma função real limitada, isto é, o gráfico de f está contido em algum retângulo. Dividimos o intervalo $[a, b]$ em n pedaços iguais. Mais precisamente, considere uma partição

$$\mathcal{P} = \{x_0 = a, x_1, x_2, \cdots, x_{n-1}, x_n = b\}$$

de $n + 1$ pontos, com $x_i = a + (b - a)\frac{i}{n}$ para $i = 0, 1, 2, \ldots, n$. Para cada i, escolha $c_i \in [x_{i-1}, x_i]$ e tome $\Delta x_i = x_{i+1} - x_i$. Considere a soma

$$\begin{aligned}\sum_{i=1}^{n} f(c_i)\Delta x_i &= f(c_1)\Delta x_1 + f(c_2)\Delta x_2 + \ldots + f(c_n)\Delta x_n \\ &= \frac{\big(f(c_1) + \ldots + f(c_n)\big)(b - a)}{n}.\end{aligned}$$

Definição 2.7.1: Integral de Riemann

Dizemos que f é integrável em $[a, b]$ se $\lim\limits_{n\to+\infty} \sum\limits_{i=1}^{n} f(c_i)\Delta x_i$ existe e possui o mesmo valor independentemente da escolha de c_i. Nesse caso, denotamos,

$$\int_a^b f(x)\,\mathrm{d}x = \lim_{n\to+\infty} \sum_{i=1}^{n} f(c_i)\Delta x_i.$$

A definição de soma de Riemann é complicada e é bastante trabalhoso demonstrar, via definição, se uma determinada função é integrável ou não. Discutiremos melhor essa parte técnica na seção 3.B. Precisamos apenas de um resultado básico.

Teorema 2.7.2: Integrabilidade de Funções Contínuas

Toda função contínua em $[a, b]$ é integrável.

Do ponto de vista teórico, é interessante permitir que os comprimentos $\Delta x_1, \ldots \Delta x_n$ não sejam necessariamente de mesmo tamanho. Caso exigíssemos o mesmo comprimento, teríamos dificuldades técnicas em demonstrar que

$$\int_a^b f(x)\,\mathrm{d}x = \int_a^c f(x)\,\mathrm{d}x + \int_c^b f(x)\,\mathrm{d}x,$$

em que c é um ponto qualquer do intervalo (a, b). Lembremos que precisamos desse resultado para o teorema fundamental do cálculo. Em contrapartida, com a flexibilização do tamanho dos intervalos, a definição de soma de Riemann fica um pouco mais sobrecarregada.

A importância geométrica da soma de Riemann é que ela é uma excelente aproximação da área sob o gráfico de uma função à medida que o termo Δx for suficientemente pequeno. Além disso, as "*medidas*" $f(x)$ e $\mathrm{d}x$ podem ser pensadas como as medidas da altura e da base, respectivamente, de um retângulo e o símbolo $\int$ pode ser pensado como um somatório. As figuras abaixo nos fornecem a ideia de aproximação da área.

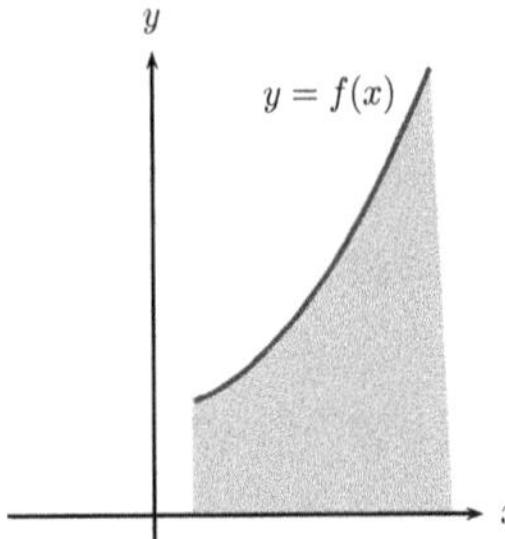

(a) Área que queremos calcular.

(b) Subdivisão em 4 retângulos.

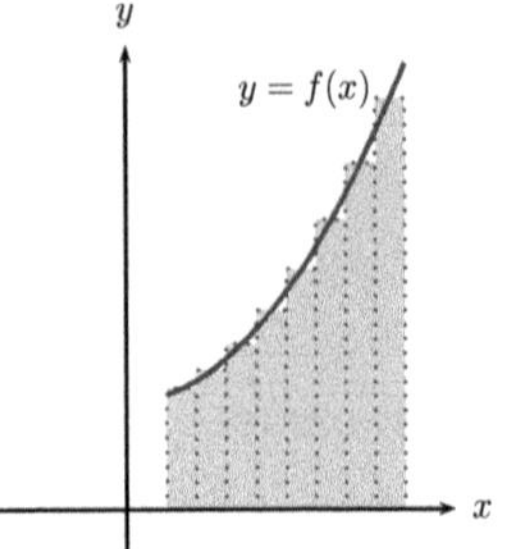

(c) Subdivisão em 8 retângulos.

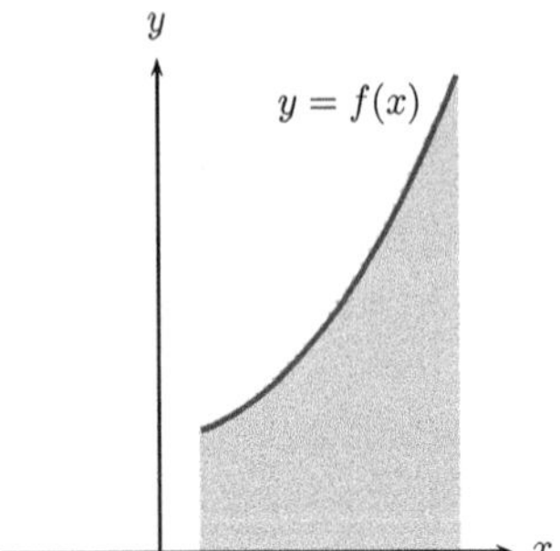

(d) Subdivisão em 64 retângulos.

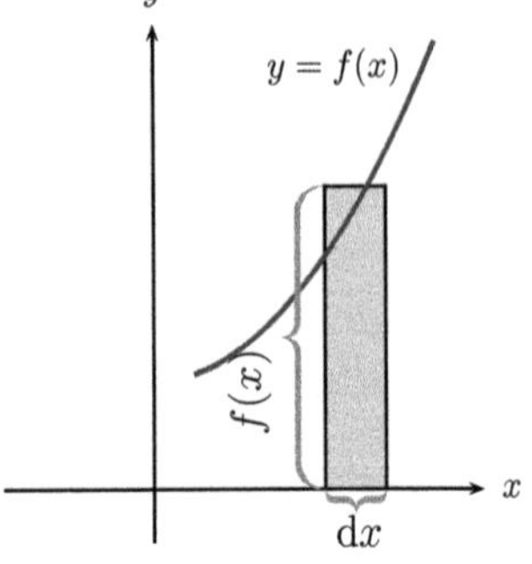

(e) O retângulo infinitesimal.

Modificando um pouco a integral de Riemann, podemos ter aplicações geométricas bem interessantes. Imagine um retângulo ABCD dentro do espaço e o rotacione em torno do eixo AB. A figura gerada será um cilindro e é fácil calcular o seu volume. Para quem tiver dificuldade em visualizar, sugerimos as figuras abaixo.

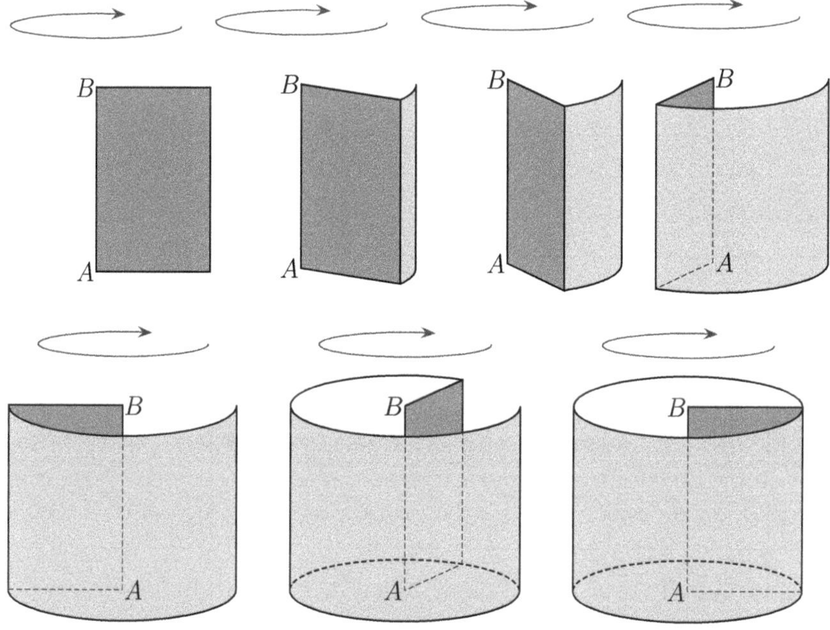

Figura 2.7: A rotação do retângulo gera o cilindro de altura igual o segmento AB.

Para uma exposição do cálculo de volume de sólidos de revolução, recomendamos a videoaula Volume de Sólidos de Revolução - Método dos Discos Cilíndricos. Considere uma função $f : [a, b] \to \mathbb{R}$ contínua com $f \geq 0$. Desejamos calcular o volume do sólido de revolução do gráfico da f em torno do eixo x. Ver figuras abaixo.

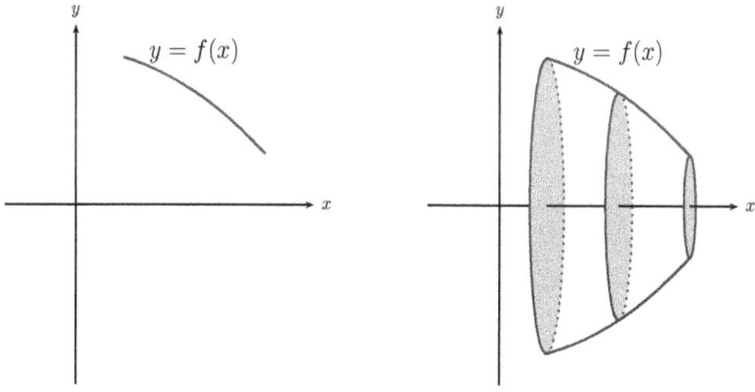

Figura 2.8: O sólido obtido pela revolução do gráfico de f.

Para encontrarmos o volume, considere o retângulo de base *infinitesimal* $\mathrm{d}x$ e altura $f(x)$. Rotacionando este retângulo em torno do eixo x, ele se transforma em um cilindro de *altura* $\mathrm{d}x$ e raio $f(x)$.

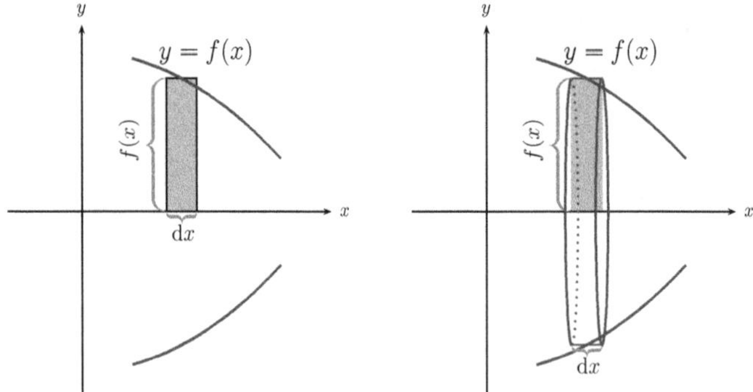

Figura 2.9: O retângulo infinitesimal se *transformando* em cilindro.

Como o volume de um cilindro de altura h e raio r é dada por $\pi r^2 h$, então o volume do cilindro da figura acima é dada por $\pi f(x)^2 \, \mathrm{d}x$. A mesma ideia de soma de área de retângulos para encontrar a área sob o gráfico funciona para a soma dos volumes dos cilindros para encontrarmos o volume do sólido de revolução e não é difícil de concluir que o volume do sólido de revolução é dado por $\pi \int_a^b [f(x)]^2 \, \mathrm{d}x$.

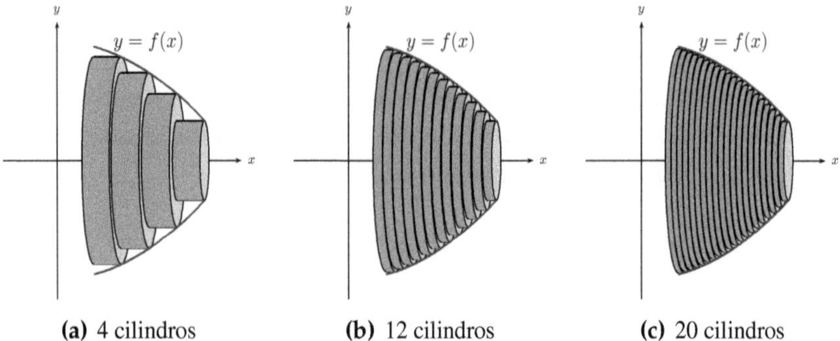

(a) 4 cilindros **(b)** 12 cilindros **(c)** 20 cilindros

Pensando em soma de Riemann, seja $\mathcal{P} = \{x_0 = a, x_1, \cdots, x_n = b\}$ partição do intervalo $[a, b]$ em n pedaços iguais e escolha $c_i = x_i$. Considere o cilindro obtido pela revolução de um retângulo em torno do eixo x de largura Δx_i e altura $f(c_i)$. Temos que o volume deste cilindro é dado por $\pi[f(c_i)]^2 \Delta x_i$. Somando o volume de todos estes cilindros, temos que

$\pi \sum_{i=1}^{n} [f(c_i)]^2 \Delta x_i$. Pela mesma explicação dada acima, a soma de Riemann acima converge para o volume do sólido de revolução do gráfico da f em torno do eixo x e temos, portanto,

$$V = \pi \int_a^b [f(x)]^2 \, \mathrm{d}x.$$

Exemplo 2.7.3: Para calcularmos o volume V da região do interior da esfera de raio R, lembremos, da geometria analítica, que a equação do círculo de centro $(0,0)$ e raio R é dada por $x^2 + y^2 = R^2$. Em particular, a parte de cima do círculo é o gráfico da função $f(x) = y = \sqrt{R^2 - x^2}$.

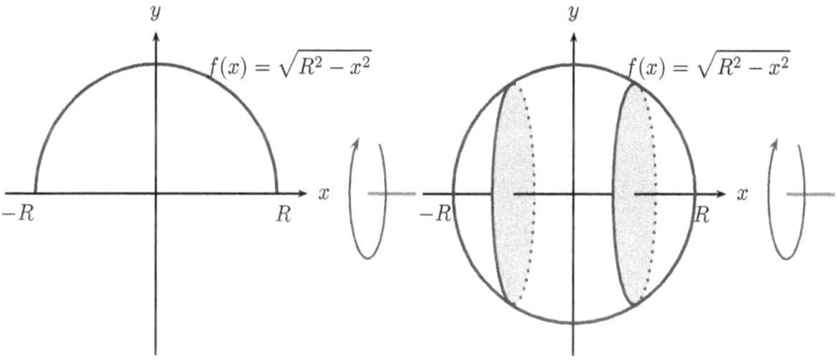

Figura 2.10: A esfera é gerada pela rotação do semicírculo em torno do eixo x.

A esfera de raio R é o sólido de revolução do gráfico de $f(x)$ em torno do eixo x e, portanto,

$$\begin{aligned} V &= \pi \int_{-R}^{R} [f(x)]^2 \, \mathrm{d}x = \pi \int_{-R}^{R} (R^2 - x^2) \, \mathrm{d}x \\ &= \pi \left(R^2 x - \frac{x^3}{3} \right) \Bigg|_{-R}^{R} = \pi \left(R^3 - \frac{R^3}{3} \right) - \left(-R^3 + \frac{R^3}{3} \right) = \frac{4\pi R^3}{3}. \end{aligned}$$

Exemplo 2.7.4: O volume V do cone reto de altura h e raio da base r pode ser encontrado pela rotação, em torno do eixo x, da reta $f(x) = ax$ com $0 \leq x \leq h$, com um parâmetro a adequado, de modo que o sólido obtido pela revolução do gráfico de f em torno do eixo x seja um cone de altura h e base r.

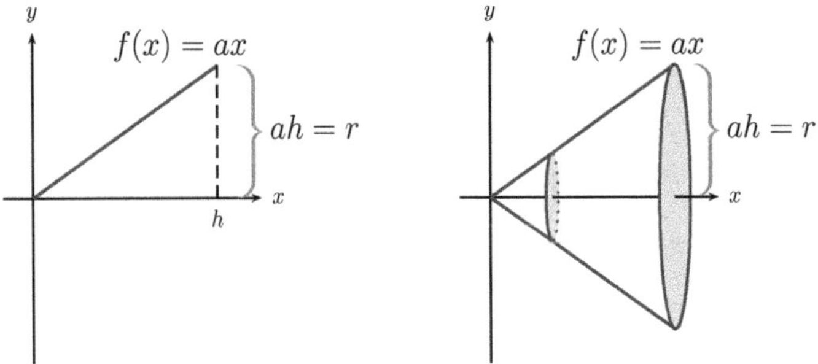

Figura 2.11: A geratriz do cone é a reta $f(x) = ax$.

Deve-se exigir que $f(h) = ah = r$ e, portanto, $a = \dfrac{r}{h}$. O volume V do cone é dado por

$$V = \pi \int_0^h \left(\frac{rx}{h}\right)^2 \mathrm{d}x = \pi \left(\frac{r^2x^3}{3h^2}\right)\Bigg|_0^h = \pi\frac{r^2h^3}{3h^2} = \frac{\pi r^2 h}{3}.$$

É possível fazer várias modificações do problema de volumes de sólido de revolução. Para volumes de sólido de revolução em uma região entre dois gráficos, recomendamos a videoaula Volume de Sólido de Revolução - Parte 2. Para a troca do eixo de rotação para outras retas, sugerimos a videoaula Volume de Sólido de Revolução - Parte 3.

O cálculo de volume e de área não são as únicas aplicações geométricas de integral. Seja $f : [a, b] \to \mathbb{R}$ uma função de classe C^1 e desejamos encontrar o comprimento da curva dada pelo gráfico da função f. Sugerimos a videoaula Comprimento de Arco.

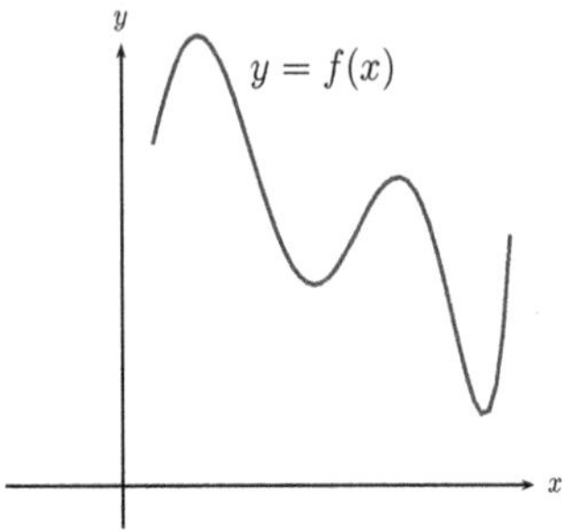

Figura 2.12: A curva que queremos encontrar o comprimento.

A ideia para encontrar o comprimento da curva é dividir a curva em pedaços pequenos e aproximamos estes pedaços por segmentos de retas e somamos os comprimentos dos segmentos de reta. As figuras abaixo ilustram a ideia.

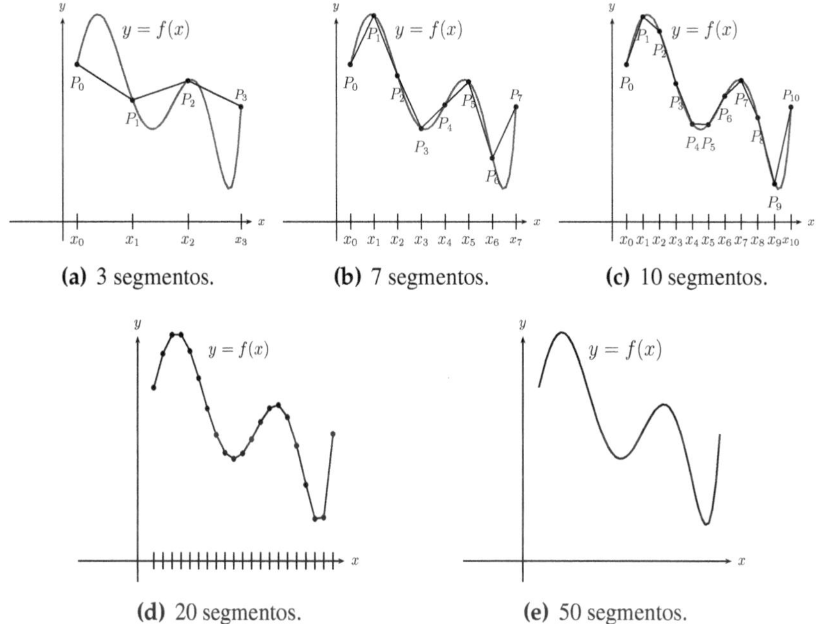

(a) 3 segmentos. (b) 7 segmentos. (c) 10 segmentos.

(d) 20 segmentos. (e) 50 segmentos.

Figura 2.13: Em geral, softwares de plotagem de gráficos utilizam entre 50 a 500 segmentos.

À medida que subdividimos em segmentos menores espera-se que as aproximações fiquem cada vez mais precisas de modo que, em um processo limite, encontremos o comprimento da curva.

Seja, portanto, $\mathcal{P} = \{a = x_0, x_1, \cdots, x_n = b\}$ uma partição de $[a, b]$ em n pedaços iguais. Sejam $P_i = (x_i, f(x_i))$ pontos do gráfico da curva. Temos que o comprimento $C_i = P_{i-1}P_i$ é dado por

$$\begin{aligned} C_i &= \sqrt{(x_i - x_{i-1})^2 + (f(x_i) - f(x_{i-1}))^2} \\ &= \sqrt{(\Delta x_i)^2 + (f(x_i) - f(x_{i-1}))^2}. \end{aligned}$$

A soma dos comprimentos é dada por

$$\sum_{i=1}^{n} C_i = \sum_{i=1}^{n} \sqrt{(\Delta x_i)^2 + (f(x_i) - f(x_{i-1}))^2}.$$

Para transformar a soma acima em uma soma de Riemann, usaremos o teorema do valor médio que diz que para cada i, existe $c_i \in (x_{i-1}, x_i)$ tal que

$$f(x_i) - f(x_{i-1}) = f'(c_i)(x_i - x_{i-1}) = f'(c_i)\Delta x_i.$$

Daí,

$$\sum_{i=1}^{n} C_i = \sum_{i=1}^{n} \sqrt{(\Delta x_i)^2 + (f'(c_i)\Delta x_i)^2} = \sum_{i=1}^{n} \sqrt{1 + [f'(c_i)]^2}\,\Delta x_i.$$

Finalmente, o comprimento da curva é dado por

$$C = \lim_{n\to\infty} \sum_{i=1}^{n} \sqrt{1 + f'(c_i)^2}\,\Delta x_i = \int_a^b \sqrt{1 + [f'(x)]^2}\,\mathrm{d}x.$$

Transformamos um problema de calcular comprimento em um problema de integração. Em geral, é bastante complicado integrar a função e será necessário calcular a integral por métodos numéricos. Por exemplo, se desejamos encontrar o comprimento do gráfico do seno de $x = 0$ até $x = 2\pi$, devemos calcular a integral

$$C = \int_0^{2\pi} \sqrt{1 + (\cos x)^2}\,\mathrm{d}x.$$

Há métodos numéricos para integração muito mais eficazes que calcular via soma de Riemann, e, usando o Geogebra, temos que $C \simeq 3,8202$.

Uma outra aplicação de integral é o cálculo da área lateral de uma superfície de revolução. Para encontrarmos a fórmula, precisamos de um resultado bem específico de geometria espacial que se considerarmos o tronco circular reto de raio maior R, raio menor r e segmento lateral L, então a sua área lateral é dada pela fórmula $2\pi L\dfrac{(r+R)}{2}$.

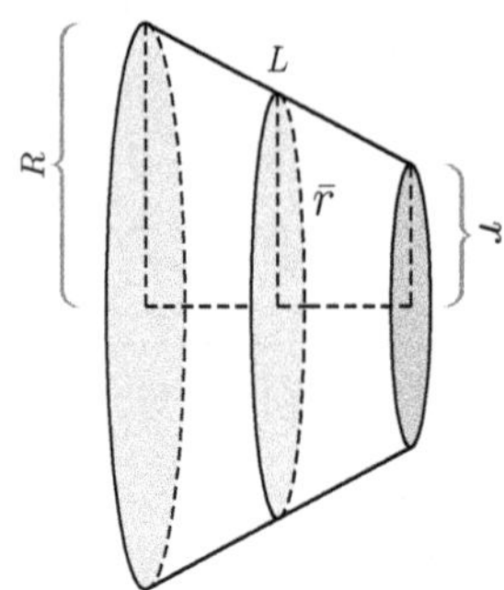

Figura 2.14: Tronco circular reto de segmento lateral L e de raios de tamanho r e R.

A dedução desta fórmula de área lateral pode ser encontrada no final da videoaula Área Lateral de Sólido de Revolução. O motivo de escrevermos $\bar{r} = \dfrac{r+R}{2}$ é que o segmento $\bar{r}$ é o raio do círculo do meio do tronco.

Seja $f : [a, b] \to \mathbb{R}$ uma função de classe C^1 e seja S a superfície de revolução obtida pelo rotação do gráfico de f em torno do eixo x. Desejamos encontrar a fórmula de área lateral dessa superfície.

Faremos a aproximação do gráfico de f por segmentos $P_{i-1}P_i$, conforme feito no comprimento de arco e rotacionamos $P_{i-1}P_i$, obtendo vários troncos circulares retos. Calcularemos a soma das áreas laterais desses troncos.

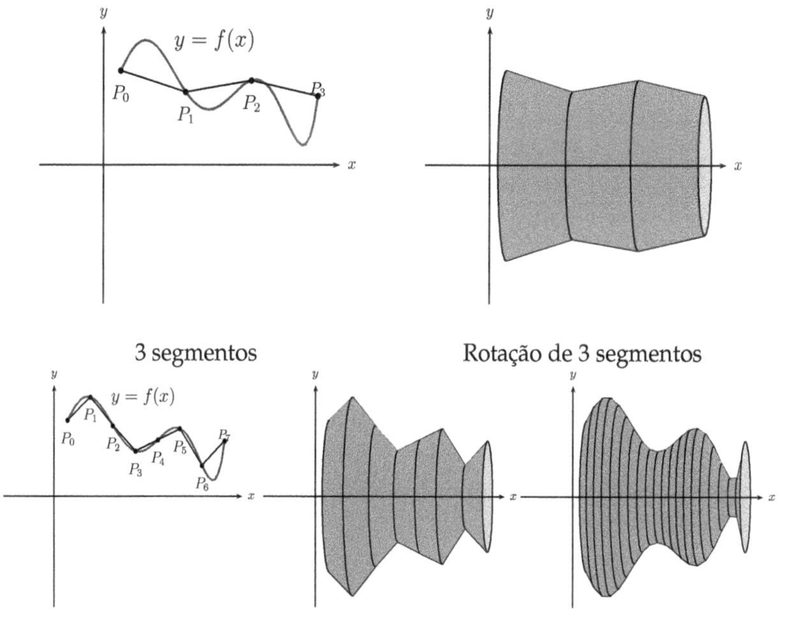

7 segmentos Rotação de 7 segmentos Rotação de 20 segmentos

Figura 2.15: Quanto mais segmentos traçados, melhor é a aproximação para a área lateral.

Seja, portanto, $\mathcal{P} = \{a = x_0, x_1, \cdots, x_n = b\}$ uma partição de $[a, b]$ em n pedaços iguais. Seja $P_i = (x_i, f(x_i))$ pontos do gráfico da curva. Vimos na dedução da fórmula de comprimento de arco que existe $c_i \in (x_{i-1}, x_i)$ tal que o comprimento L_i de $P_{i-1}P_i$ é dado por

$$L_i = \sqrt{1 + [f'(c_i)]^2}\Delta x_i.$$

A área lateral do tronco gerado pelo segmento $P_{i-1}P_i$ é dada pela fórmula $2\pi L_i \dfrac{f(x_{i-1}) + f(x_i)}{2}$ e, como f é contínua, pelo teorema do valor intermediário 2.2.5, existe $d_i \in (x_{i-1}, x_i)$ tal que $f(d_i) = \dfrac{f(x_{i-1}) + f(x_i)}{2}$. Finalmente, temos que a soma das áreas dos troncos é dada por

$$\sum_{i=1}^{n} 2\pi L_i \frac{f(x_{i-1}) + f(x_i)}{2} = 2\pi \sum_{i=1}^{n} f(d_i)\sqrt{1 + [f'(c_i)]^2}\, \Delta x_i.$$

Apesar de a soma acima não ser uma soma de Riemann (pois há c_i e d_i na soma acima), é *razoável* esperar que a soma acima convirja para

$$2\pi \int_a^b f(x)\sqrt{1 + [f'(x)]^2}\, \mathrm{d}x.$$

Infelizmente, há uma pequena imprecisão na parte do *razoável* e na verdade a área lateral de uma superfície arbitrária tem que ser colocado como definição e depois verificar se não há inconsistências com as fórmulas de áreas de superfícies conhecidas.

Definição 2.7.5: Área Lateral de Sólido de Revolução

Se f for uma função de classe C^1 e não-negativa em $[a, b]$, então a área da superfície de revolução gerada pela rotação do gráfico de f entre $x = a$ e $x = b$ em torno do eixo x é dada por

$$S = 2\pi \int_a^b f(x)\sqrt{1 + [f'(x)]^2}\, \mathrm{d}x.$$

Exemplo 2.7.6: Vamos calcular a área da superfície da esfera de raio R. Lembremos, pelo exemplo 2.7.3, que a superfície pode ser gerada pelo gráfico de $f(x) = \sqrt{R^2 - x^2}$ em torno do eixo x.

Como $f'(x) = -\dfrac{x}{\sqrt{R^2 - x^2}}$, temos que $(f'(x))^2 = \dfrac{x^2}{R^2 - x^2}$ e, portanto,

$$1 + (f'(x))^2 = 1 + \frac{x^2}{R^2 - x^2} = \frac{R^2}{R^2 - x^2} = \frac{R^2}{f(x)^2}.$$

Logo temos que

$$\begin{aligned} S &= 2\pi \int_{-R}^{R} f(x)\sqrt{1+(f'(x))^2}\,\mathrm{d}x \\ &= 2\pi \int_{-R}^{R} f(x)\sqrt{\frac{R^2}{f(x)^2}}\,\mathrm{d}x \\ &= 2\pi \int_{-R}^{R} R\,\mathrm{d}x = 4\pi R^2. \end{aligned}$$

A soma $\sum_{i=1}^{n} f(d_i)\sqrt{1+[f'(c_i)]^2}\Delta x_i$ converge para o mesmo valor independentemente das escolhas de $c_i, d_i \in (x_{i-1}, x_i)$. Este resultado é demonstrado no teorema 3.B.9.

Mesmo mostrando este resultado, ainda sim, não é possível deduzir com o devido rigor o conceito de área lateral e devemos se contentar com a expressão *é razoável*.

Em cursos mais avançados de integral, é possível expor a área lateral de uma superfície de revolução de forma rigorosa com o conceito de integral de superfície.

Finalizamos a seção avisando que existe outro método para encontrar volumes de sólido de revolução. Para o leitor interessado, recomendamos as videoaulas Volume de Sólido - Método das Cascas Cilíndricas e também Exemplos de Volumes de Sólidos de Revolução com Cascas Cilíndricas.

Exercícios

1. Calcule a área da região definida abaixo.

   a) A região limitada pelos gráficos de $f(x) = \operatorname{sen} x$ e $g(x) = \cos x$ com $0 \leq x \leq \frac{\pi}{4}$.

   b) A região limitada por $f(x) = x^3 - 2x^2 + x + 2$ e pela reta tangente ao gráfico da função f em $x = 0$.

2. Calcule o volume do sólido de revolução em torno do eixo x das regiões abaixo.

   a) Da região limitada por $y = x^2$ e $y = 0$, com $1 \leq x \leq 2$.

   b) Da região limitada por $y = \operatorname{sen} x$ e $y = 0$, com $0 \leq x \leq \pi$.

   c) Da região limitada por $y = x^2$ e $y = 4$.

   d) $y = \sqrt{x-2}$ com $2 \leq x \leq 4$ e $y \geq 0$.

   e) Da região limitada por $f(x) = \operatorname{sen} x$, $g(x) = \cos x$ com $0 \leq x \leq \frac{\pi}{4}$.

3. Calcule o comprimento de arco do gráfico de $\cosh x = \dfrac{e^x + e^{-x}}{2}$ em que $0 \leq x \leq 2$.

4. Calcule, utilizando as fórmulas de integral desta seção, a área lateral do cone circular reto de raio r e altura h.

5. Calcule a área lateral do sólido de revolução obtido pela rotação em torno do eixo x da região abaixo do gráfico de $y = x^3$, com $0 \leq x \leq 1$.

Respostas

Exercício 1

a) $\sqrt{2}-1$ b) $\dfrac{4}{3}$

Exercício 2

a) $\dfrac{31\pi}{5}$ b) $\dfrac{\pi^2}{2}$ c) $\dfrac{256\pi}{5}$ d) 2π e) $\dfrac{\pi}{2}$

Exercício 3

$$\frac{e^2-e^{-2}}{2}$$

Exercício 4

$$\pi r\sqrt{h^2+r^2}$$

Exercício 5

$$\frac{(10\sqrt{10}-1)\pi}{27}$$

2.8 Aplicações de Integral na Física

Na seção 1.2, vimos uma aplicação de integral para descrever a equação do movimento retilíneo e, em particular, vimos no exemplo 1.3.12 da seção 1.3 que a equação geral do movimento retilíneo uniformemente acelerado é dada por $s(t) = s_0 + v_0 t + \frac{at^2}{2}$.

Veremos, nesta seção, outras aplicações e a importância em visualizar as somas infinitesimais. Um dos conceitos bastante utilizado na física é o conceito de **trabalho**.

Definição 2.8.1: Trabalho

Se uma força constante de magnitude F for aplicada na direção e sentido do movimento de um objeto e se este objeto se desloca uma distância d, definimos o trabalho W realiza pela força sobre o objeto como sendo

$$W = F \cdot d.$$

Se uma força constante de magnitude F for aplicada na mesma direção, mas em sentido contrário ao movimento de um objeto e este objeto se desloca uma distância d, definimos o trabalho W realizado pela força sobre o objeto como sendo

$$W = -F \cdot d.$$

Como o sinal do trabalho depende se a força está *freando* ou *acelerando* o objeto é, muitas vezes, interessante utilizar a linguagem vetorial.

(a) Trabalho $W > 0$ **(b)** Trabalho $W < 0$.

Figura 2.16: A força está acelerando o descolamento em (a) e freando em (b).

Em geral, a força não é constante e, neste sentido, precisamos estender o conceito de trabalho para forças mais gerais. Pedimos para que o leitor tenha em mente a Lei de Hooke: $\vec{F} = -kx \cdot \hat{x}$ para força massa mola, em que o nosso referencial está centrado no ponto de equilíbrio da mola. O sinal de negativo diz que a força da mola é sempre restauradora, apontando sempre para o ponto de equilíbrio.

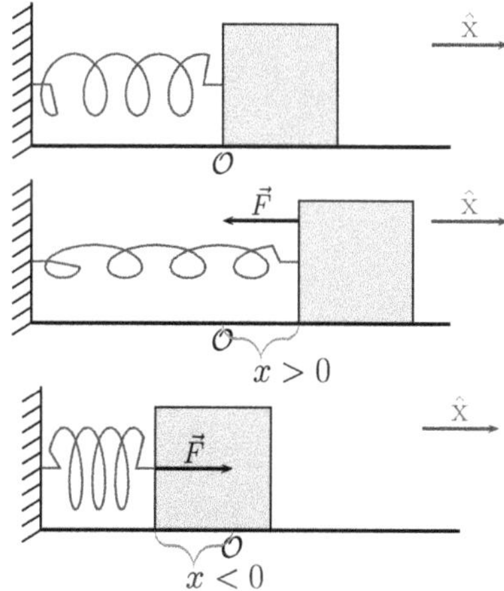

Figura 2.17: A força que a mola exerce sobre o bloco sempre aponta para o centro.

Nesta seção, estudaremos o conceito de trabalho apenas para partículas em movimento unidimensional. Para o cálculo de trabalho de partícula em movimento bidimensional, é necessário o conhecimento de integral de linha que costuma ser ministrada em cursos de cálculo mais avançados.

Definição 2.8.2: Forças Conservativas

Em um movimento unidimensional, dizemos que uma força $\vec{F}$ é conservativa, se ela depende apenas da posição da partícula. Mais precisamente, se $\vec{F}(x) = F(x) \cdot \hat{\mathrm{x}}$

Com um referencial fixado (e portanto com um sistema de coordenadas), suponha que um objeto seja submetido a uma força $\vec{F}(x) = F(x) \cdot \hat{\mathrm{x}}$. Suponha, para simplificar as ideias, que $\vec{F}(x)$ aponta para a mesma direção e sentido do movimento e desejamos calcular o trabalho $W = W_{a \to b}$ realizado por essa força sobre o objeto, quando este se move de $x = a$ até $x = b$.

Subdividiremos o intervalo $[a, b]$ em pequenos pedaços de tal modo que a força aplicada a este objeto pode ser pensada como constante. Sejam $\mathcal{P} = \{x_0 = a, x_1, \cdots, x_n = b\}$ a partição de $[a, b]$ em n pedaços iguais e

$c_i \in (x_{i-1}, x_i)$ um representante de tal modo que $W_{x_{i-1}\to x_i} = F(c_i)\Delta x_i$. Temos que

$$\begin{aligned} W_{a\to b} &= W_{x_0\to x_1} + W_{x_1\to x_2} + \ldots + W_{x_{n-2}\to x_{n-1}} + W_{x_{n-1}\to x_n} \\ &= \sum_{i=1}^{n} W_{x_{i-1}\to x_i} = \sum_{i=1}^{n} F(c_i)\Delta x_i. \end{aligned}$$

Fazendo o limite, temos, portanto,

$$W_{a\to b} = \int_a^b F(x)\,\mathrm{d}x.$$

Exemplo 2.8.3: No nosso exemplo da figura de massa mola, o trabalho realizado pela força $F(x) = -kx \cdot \hat{\mathrm{x}}$ para deslocar de b até 0 é dado por

$$W_{b\to 0} = \int_b^0 -kx\,\mathrm{d}x = -k \cdot \left.\frac{x^2}{2}\right|_b^0 = \frac{kb^2}{2}.$$

O trabalho realizado por esta mesma força para deslocar de $x = 0$ até $x = b$ é dado por

$$W_{0\to b} = \int_0^b -kx\,\mathrm{d}x = -\frac{kb^2}{2}.$$

Logo, temos que $W_{0\to b} + W_{b\to 0} = 0$, como era de se esperar!

Exemplo 2.8.4: Pela 3ª Lei de Newton, temos que $\vec{F}_{\text{Res}} = m \cdot \vec{a}(t)$. No caso do movimento unidimensional, que tem apenas a componente horizontal, temos que $\vec{F}_{\text{Res}} = F_{\text{Res}} \cdot \hat{\mathrm{x}}$.

Vamos calcular o trabalho realizado pela força resultante de uma partícula se movendo em linha reta com equação do movimento $s(t)$, posição inicial $s(t_0) = a$ e posição final $s(t_f) = b$. Na integral abaixo, faremos a mudança de variável $x = s(t)$, então $\mathrm{d}x = s'(t)\,\mathrm{d}t = v(t)\,\mathrm{d}t$. Daí,

$$\begin{aligned} W &= \int_a^b F_{\text{Res}}(x)\,\mathrm{d}x = \int_{s(t_0)}^{s(t_f)} mv'(t)\,\mathrm{d}x = \int_{t_0}^{t_f} mv'(t)v(t)\,\mathrm{d}t \\ &= m\left.\frac{v^2(t)}{2}\right|_{t_0}^{t_f} = \frac{mv_f^2}{2} - \frac{mv_0^2}{2}. \end{aligned}$$

Por causa da fórmula acima, definimos a **energia cinética do trabalho** por $K = \frac{mv^2}{2}$. Sugerimos a videoaula Aplicação na Física - Trabalho e Energia.

Se a força for conservativa, o teorema fundamental do cálculo diz que $F(x)$ possui primitiva e, portanto, existe uma função $U(x)$ tal que

$$\frac{\mathrm{d}U(x)}{\mathrm{d}x} = -F(x).$$

A função $U(x)$ se chama **energia potencial da força conservativa** F. O motivo do sinal ficará claro nos exemplos abaixo.

Na Física, costuma-se escolher um referencial para o qual a **energia potencial é 0**. Por exemplo, a energia potencial 0 da mola costuma ser o ponto de equilíbrio da mola.

Exemplo 2.8.5: A energia potencial da mola em $x = b$ é dada por

$$\int_0^b -F(x)\,\mathrm{d}x = \int_0^b kx\,\mathrm{d}x = \frac{kb^2}{2}.$$

Uma das forças conhecidas é a força que a gravidade exerce sobre o nosso corpo

$$F(x) = -mg \cdot \hat{\mathrm{y}},$$

em que $g \simeq 9,8\,\mathrm{m}/s^2$ é a constante gravitacional e m é a massa do corpo.

Exemplo 2.8.6: Se considerarmos que a energia potencial 0 é dada na altura 0, a energia potencial de um objeto na altura h (e na mesma linha vertical) é dada por

$$\int_0^h mg\,\mathrm{d}x = mgh.$$

O interessante de trabalharmos com a linguagem vetorial é que não precisamos ficar analisando para onde está o movimento e, portanto, fica mais fácil calcular o trabalho. Além disso, a linguagem vetorial é mais adequada para entendermos, matematicamente, o porquê da força de atrito não ser conservativa, conforme o próximo exemplo.

Exemplo 2.8.7: A força de atrito é uma força bastante complicada e o modelo mais simples é a fórmula $\vec{F}_{at} = \pm\mu|N|\,\hat{x}$, em que $|N|$ é a magnitude da reação normal de apoio e μ é uma constante que depende da superfície e também do objeto. Em geral, este coeficiente μ é encontrado experimentalmente.

Neste modelo, a força de atrito, apesar da magnitude constante, não é uma força conservativa! O motivo disso é que o sinal depende da velocidade do objeto, isto é, se o objeto estiver se movendo para a direita, temos que $\vec{F}_{at} = -\mu|N|\,\hat{x}$. Se estiver se movendo para a esquerda, então $\vec{F}_{at} = \mu|N|\,\hat{x}$.

A função $U(x)$ é chamada de **energia potencial** da força F. Considere

$$K_f = \frac{mv_f^2}{2}, \qquad U_f = U(b) = U(s(t_f)),$$
$$K_0 = \frac{mv_0^2}{2}, \qquad U_0 = U(a) = U(s(t_0))$$

Temos,

$$K_f - K_0 = \int_a^b F_{\text{Res}}\,\mathrm{d}x = \int_a^b F(x)\,\mathrm{d}x = -(U_f - U_0).$$

Isto mostra que

$$K_f + U_f = K_0 + U_0.$$

Definimos, portanto, a **energia mecânica do movimento** como a soma da energia cinética com a energia potencial, isto é, $E = K + U$ e o resultado acima diz que, se a força é conservativa, então a energia mecânica no movimento unidimensional se conserva.

Uma outra aplicação interessante é o cálculo de massa e centro de massa de um sistema de objetos. Sugerimos a nossa videoaula Massa e Centro de Massa.

Considere um fio bem fino *não homogêneo* de comprimento L, isto é, suponha que a massa não está equitativamente distribuída ao longo do fio. Crie eixos de coordenadas, de modo que o fio se encontre na posição horizontal e fique no intervalo $[0, L]$, conforme a figura abaixo.

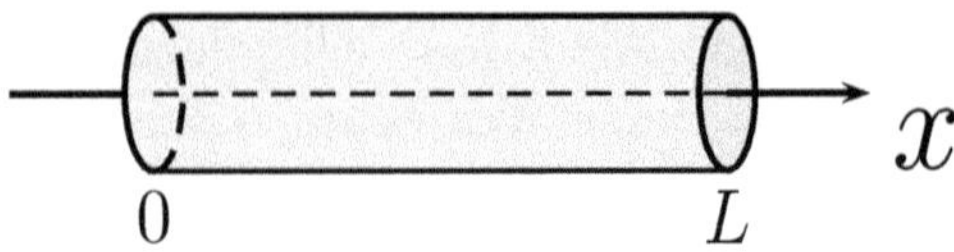

Seja $m(x)$ a massa do fio de $[0, x]$. A densidade linear do fio $\rho(x)$ no ponto x é, por definição,

$$\rho(x) = \lim_{\Delta x \to 0} \frac{m(x + \Delta x) - m(x)}{\Delta x}.$$

Em notação de Leibniz, $\rho = \dfrac{\mathrm{d}m}{\mathrm{d}x}$. Dizemos que o fio é homogêneo se a densidade linear for constante. Se a densidade linear do fio é $\rho(x)$, a massa total M é dada pela fórmula

$$M = \int_0^L \rho(x)\,\mathrm{d}x.$$

Exemplo 2.8.8: Um fio de comprimento L tem densidade linear constante λ, então a sua massa é dada por

$$M = \int_0^L \lambda\,\mathrm{d}x = \lambda L.$$

Caso a densidade linear seja dada por $\rho(x) = x$, então a sua massa é dada por

$$M = \int_0^L x\,\mathrm{d}x = \frac{L^2}{2}.$$

Para encontrar o centro de massa de um sistema de partículas, o caso mais simples é uma alavanca com massa desprezível e suspensa por um suporte (ver figura abaixo) em que colocamos dois objetos de massas distintas em cada extremidade da alavanca.

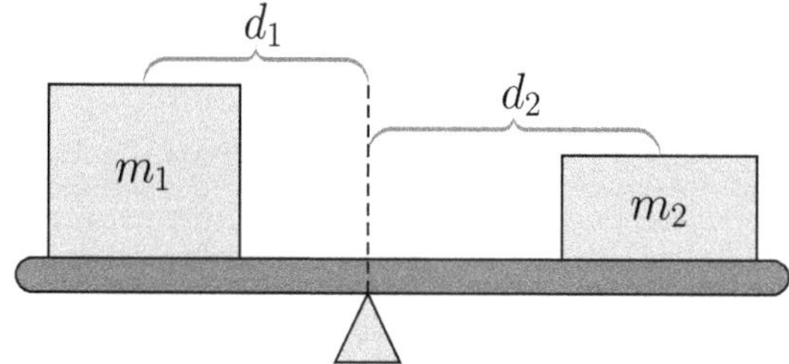

Figura 2.18: Alavanca em equilíbrio com dois blocos de massa em cada extremidade.

Supondo que o suporte seja móvel, queremos encontrar o ponto exato em que a alavanca fique em equilíbrio na horizontal. É conhecido do ensino médio que o suporte tem que ser colocado em um ponto em que se deve satisfazer a fórmula

$$m_1 d_1 = m_2 d_2.$$

Criando um sistema de coordenadas, suponha que as massas m_1 e m_2 estejam localizadas em c_1 e c_2, respectivamente, e considere x_G a coordenada x do centro de massa, que também é conhecido como centro de gravidade. Temos, portanto,

$$\begin{aligned} m_1(x_G - c_1) &= m_2(c_2 - x_G), \\ m_1x_G + m_2x_G &= m_1c_1 + m_2c_2, \\ x_G &= \frac{m_1c_1 + m_2c_2}{m_1 + m_2}. \end{aligned}$$

Suponha que temos dois blocos de massas m_1, m_2 a uma distância d_1 e d_2 à esquerda em relação ao suporte e um bloco de massa m_3 a uma distância d_3 à direita em relação ao suporte, conforme figura abaixo.

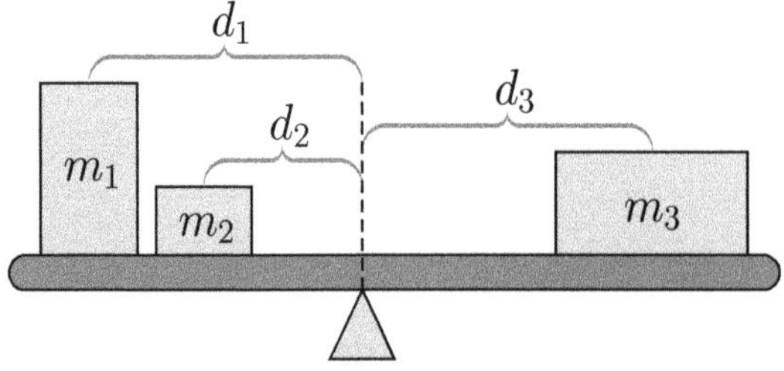

A alavanca estará em equilíbrio se $m_1d_1 + m_2d_2 = m_3d_3$. Criando um sistema de coordenadas, suponha que as massas m_1, m_2 e m_3 estejam localizadas em c_1, c_2 e c_3, respectivamente, e considere x_G a coordenada x do centro de massa, então

$$m_1(x_G - c_1) + m_2(x_G - c_2) = m_3(c_3 - x_G),$$

daí,

$$m_1x_G + m_2x_G + m_3x_G = m_1c_1 + m_2c_2 + m_3c_3,$$

isolando x_G na expressão acima, temos

$$x_G = \frac{m_1c_1 + m_2c_2 + m_3c_3}{m_1 + m_2 + m_3}.$$

Se tivermos n partículas com massas $m_1, m_2, \cdots, m_n$ localizadas, respectivamente, em $c_1, c_2, \cdots, c_n$ e se x_G é o centro de massa, então com as mesmas contas do caso anterior, temos que

$$x_G = \frac{\displaystyle\sum_{i=1}^{n} m_ic_i}{\displaystyle\sum_{i=1}^{n} m_i}.$$

Suponha que temos uma distribuição contínua de massa. Por exemplo, suponha que a barra da alavanca não tenha massa desprezível e desejamos encontrar o seu centro de massa.

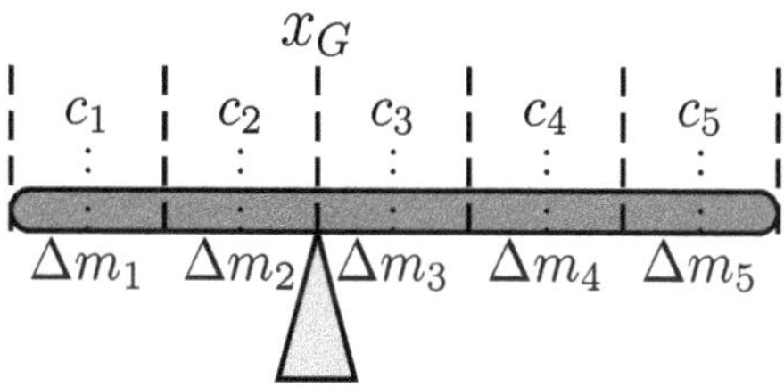

Seja $m(x)$ a massa da alavanca do início da alavanca até o ponto x e seja $\rho(x) = \dfrac{\mathrm{d}m}{\mathrm{d}x}$ a densidade linear. Dividimos a alavanca em n pedaços iguais e cada pedaço tem massa $\Delta m_i = \rho(c_i)\Delta x_i$. Pelo que foi provado na parte anterior do texto, temos que

$$x_G \simeq \frac{\displaystyle\sum_{i=1}^{n} c_i \Delta m_i}{\displaystyle\sum_{i=1}^{n} \Delta m_i} = \frac{\displaystyle\sum_{i=1}^{n} c_i \rho(c_i)\Delta x_i}{\displaystyle\sum_{i=1}^{n} \rho(c_i)\Delta x_i},$$

daí, fazendo mais um processo de limite em que podemos supor que cada Δx_i fique suficientemente pequeno, concluímos, portanto,

$$x_G = \frac{\displaystyle\int_0^L x\rho(x)\,\mathrm{d}x}{\displaystyle\int_0^L \rho(x)\,\mathrm{d}x}.$$

Exemplo 2.8.9: Caso a densidade de uma corrente de comprimento L seja constante λ, vimos no exemplo 2.8.8 que sua massa é dada por λL. Para encontrarmos o centro de massa, podemos supor que a corrente esteja posta de tal modo que fique sobre o eixo x no intervalo $[0, L]$ e, portanto,

$$\int_0^L x\rho(x)\,\mathrm{d}x = \int_0^L \lambda x\,\mathrm{d}x = \frac{\lambda L^2}{2}.$$

O seu centro de massa é

$$\frac{\frac{\lambda L^2}{2}}{\lambda L} = \frac{\lambda L^2}{2\lambda L} = \frac{L}{2},$$

que é o resultado esperado! Isto é, o centro de massa se encontra na metade da corrente!

Exemplo 2.8.10: Caso a função densidade de uma corrente de comprimento L seja dada por $\rho(x) = x$, vimos no exemplo 2.8.8 que sua massa é dada por $\frac{L^2}{2}$. Para encontrarmos o centro de massa x_G, calculamos, primeiramente, a integral

$$\int_0^L x\rho(x)\,\mathrm{d}x = \int_0^L x^2\,\mathrm{d}x = \frac{L^3}{3}.$$

Logo, temos que

$$x_G = \frac{\frac{L^3}{3}}{\frac{L^2}{2}} = \frac{L^3}{3} \cdot \frac{2}{L^2} = \frac{2L}{3}.$$

Exemplo 2.8.11: Considere um sistema de massas m_1, m_2 e m_3, localizadas em x_1, x_2 e x_3, respectivamente. Considere $M_1 = m_1 + m_2$, seja C_G o centro de massa do sistema m_1 e m_2. Seja x_G o centro de massa do sistema m_1, m_2 e m_3.

Demonstraremos que o centro de massa do sistema (M_1, C_G) e (m_3, x_3) é x_G. Em outras palavras, é possível calcular o centro de massa do sistema (m_1, x_1), (m_2, x_2) e (m_3, x_3) via o sistema (M_1, C_G) e (m_3, x_3).

Fisicamente, significa que os objetos de massa m_1 e m_2 são considerados como um único objeto de massa M_1 em que a massa está concentrada no ponto C_G. Note que C_G e x_G são dados pela fórmula

$$C_G = \frac{x_1 m_1 + x_2 m_2}{m_1 + m_2} = \frac{x_1 m_1 + x_2 m_2}{M_1},$$

$$x_G = \frac{x_1 m_1 + x_2 m_2 + x_3 m_3}{M_1 + m_3}.$$

Temos que o centro de massa do sistema M_1, m_3 é dado por

$$\frac{C_G M_1 + x_3 m_3}{M_1 + m_3} = \frac{\dfrac{x_1 m_1 + x_2 m_2}{M_1} \cdot M_1 + x_3 m_3}{M_1 + m_3} = \frac{x_1 m_1 + x_2 m_2 + x_3 m_3}{m_1 + m_2 + m_3} = x_G.$$

Considere agora um sistema de partículas $m_1, \ldots, m_n$ localizadas, respectivamente, nas coordenadas do plano $(x_1, y_1), (x_2, y_2), \cdots, (x_n, y_n)$. O centro de massa $C_G = (x_G, y_G)$ do sistema é definido por

$$x_G = \frac{\displaystyle\sum_{i=1}^{n} x_i m_i}{\displaystyle\sum_{i=1}^{n} m_i}, \qquad y_G = \frac{\displaystyle\sum_{i=1}^{n} y_i m_i}{\displaystyle\sum_{i=1}^{n} m_i}.$$

Pretendemos estender as ideias do cálculo de centro de massa para regiões X do plano com densidade constante. Quando a densidade é constante, o centro de massa é chamado de centroide e também é conhecido como o *centro geométrico*.

Utilizaremos a intuição de que o centroide do retângulo é exatamente o centro do retângulo. É possível demonstrar este resultado com a definição acima e passar para o caso contínuo, mas acreditamos que o resultado é suficientemente intuitivo e que não é tão difícil imaginar a sua demonstração. Em outras palavras, considere o retângulo

$$R = \{(x, y) \in \mathbb{R}^2 \ / \ a \leq x \leq b,\ c \leq y \leq d\}.$$

O centroide (x_G, y_G) do retângulo R é dado por

$$x_G = \frac{a+b}{2}, \qquad y_G = \frac{c+d}{2}.$$

Sejam $f, g : [a, b] \to \mathbb{R}$ em que $f(x) \leq g(x)$ para todo $x \in [a, b]$ e seja X a região entre os dois gráficos, isto é,

$$X = \{(x, y) \in \mathbb{R}^2 \ /a \leq x \leq b,\ f(x) \leq y \leq g(x)\}.$$

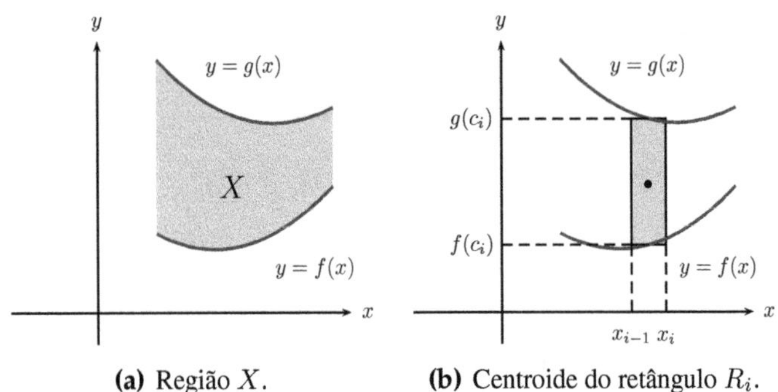

(a) Região X. **(b)** Centroide do retângulo R_i.

Para encontrar o centroide, utilizaremos o princípio do exemplo 2.8.11, em que podemos subdividir em regiões e calcular o centro de massa separadamente.

Considere $\mathcal{P} = \{x_0 = a, x_1, \cdots, x_n = b\}$ uma partição de $[a, b]$ e seja $c_i = \dfrac{x_{i-1} + x_i}{2}$ o centroide do intervalo $[x_{i-1}, x_i]$. Seja R_i o retângulo $[x_{i-1}, x_i] \times [f(c_i), g(c_i)]$. O centroide do retângulo R_i é dado pela fórmula

$$C_{G_i} = \left(c_i, \frac{f(c_i) + g(c_i)}{2}\right).$$

A massa do retângulo R_i é dada por $\rho \cdot \big(g(c_i) - f(c_i)\big)\Delta x_i$, em que ρ é a densidade (superficial) da região X. O centroide (x_n, y_n) da união dos retângulos $R_1, \cdots, R_n$ é

$$x_n = \frac{\displaystyle\sum_{i=1}^{n} c_i \rho \cdot \big(g(c_i) - f(c_i)\big)\Delta x_i}{\displaystyle\sum_{i=1}^{n} \rho \cdot \big(g(c_i) - f(c_i)\big)\Delta x_i},$$

$$y_n = \frac{\displaystyle\sum_{i=1}^{n} \left(\frac{f(c_i) + g(c_i)}{2}\right) \rho \cdot \big(g(c_i) - f(c_i)\big)\Delta x_i}{\displaystyle\sum_{i=1}^{n} \rho \cdot \big(g(c_i) - f(c_i)\big)\Delta x_i}.$$

Finalmente, eliminando o ρ acima e fazendo o limite para n indo ao infinito, concluímos que o centroide (x_G, y_G) da região X é dado por

$$x_G = \frac{\displaystyle\int_a^b x(g(x) - f(x))\,\mathrm{d}x}{\displaystyle\int_a^b \big(g(x) - f(x)\big)\,\mathrm{d}x}, \qquad y_G = \frac{\displaystyle\frac{1}{2}\int_a^b \left([g(x)]^2 - [f(x)]^2\right)\mathrm{d}x}{\displaystyle\int_a^b \big(g(x) - f(x)\big)\,\mathrm{d}x}.$$

Note que $\int_a^b \big(g(x) - f(x)\big)\,\mathrm{d}x$ é a área da região X.

Exemplo 2.8.12: Considere a região delimitada pela parábola $y = x^2$ e pela reta $y = 1$. Calcularemos as coordenadas do centroide.

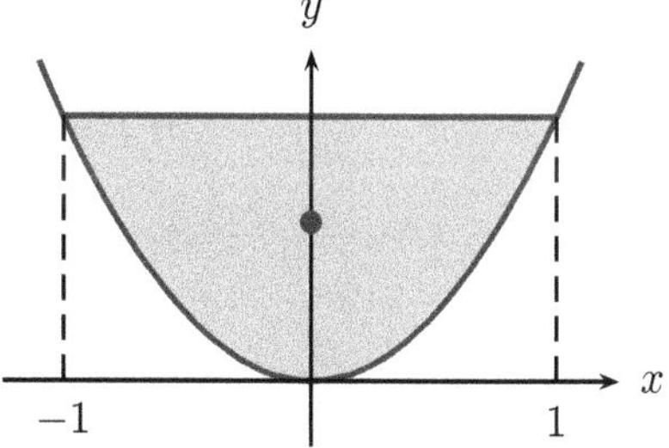

Figura 2.19: A região e o seu centroide.

Os pontos de interseção da parábola e reta são $(-1, 1)$ e $(1, 1)$. A área é dada por

$$\int_{-1}^{1} (1 - x^2)\,\mathrm{d}x = x - \frac{x^3}{3}\bigg|_{-1}^{1} = \frac{4}{3}.$$

Para encontrar o numerador de x_G, devemos calcular a seguinte integral

$$\int_{-1}^{1} x(1 - x^2)\,\mathrm{d}x = \int_{-1}^{1} (x - x^3)\,\mathrm{d}x = \frac{x^2}{2} - \frac{x^4}{4}\bigg|_{-1}^{1} = 0.$$

Logo, $x_G = 0$. Analogamente, para encontrar o numerador de y_G, devemos calcular a seguinte integral

$$\frac{1}{2}\int_{-1}^{1} (1^2 - (x^2)^2)\,\mathrm{d}x = \frac{1}{2}\int_{-1}^{1} (1 - x^4)\,\mathrm{d}x = \frac{1}{2}\left(x - \frac{x^5}{5}\right)\bigg|_{-1}^{1} = \frac{4}{5}.$$

Logo,

$$y_G = \frac{4/5}{4/3} = \frac{4}{5} \cdot \frac{3}{4} = \frac{3}{5}.$$

Logo, o centroide é $\left(0, \frac{3}{5}\right)$.

Exercícios

1. Sabendo que uma força é dada por $f(x) \cdot \hat{\mathrm{x}}$, calcule o trabalho realizado por essa força, sabendo que a partícula se desloca de $x = a$ até $x = b$ dados em cada um dos itens abaixo (considere as unidades no sistema internacional de medida).

   a) $f(x) = 2, a = 1, b = 3$

   b) $f(x) = x^2, a = 6, b = 3$

   c) $f(x) = \ln x, a = 1, b = e$

   d) $f(x) = -\dfrac{1}{x^2}, a = 2, b = 1$

2. Um corpo de massa m é lançado verticalmente. Suponha que a força resultante que atua sobre o corpo é a gravitacional $F_{\text{Res}} = -g \cdot \hat{\mathrm{y}}$, em que g é uma constante dada por $g \simeq 9{,}8\mathrm{m/s}^2$. Sejam $y(t)$ e $v(t)$ a altura e a velocidade, respectivamente, do corpo no instante t.

   a) Mostre a relação de Torriceli $[v(t)]^2 = [v(0)]^2 - 2g(y(t) - y(0))$.

   b) Calcule o maior valor possível de $y(t) - y(0)$, em função da velocidade inicial.

3. Suponha que um fio esteja sobre o eixo x com $0 \leq x \leq 4$ e que sua densidade linear seja $\rho(x) = x^3$. Encontre a coordenada do centro de massa.

4. Encontre o centroide de cada uma das figuras abaixo.

   a) $X = \{(x, y) \in \mathbb{R}^2 \ / \ 1 \leq x \leq 2 \text{ e } 0 \leq y \leq x^2\}$

   b) $X = \{(x, y) \in \mathbb{R}^2 \ / \ -1 \leq x \leq 1, y \geq 0 \text{ e } x^2 + y^2 \leq 1\}$

   c) $X = \{(x, y) \in \mathbb{R}^2 \ / \ 0 \leq x \leq 1, y \geq 0 \text{ e } x^2 + y^2 \leq 1\}$

   d) $X = \{(x, y) \in \mathbb{R}^2 \ / \ x^2 + y^2 \leq 1\}$

5. Mostre que o centroide de um triângulo retângulo é o baricentro do triângulo.

6. Mostre que o centroide do triângulo qualquer é o baricentro do triângulo.

7. Sejam $f, g : [a, b] \to \mathbb{R}$ contínuas e tais que $f(x) \leq g(x)$ para todo $x \in [a, b]$. Seja $X = \{(x, y) \in \mathbb{R}^2 \ / \ a \leq x \leq b,\ f(x) \leq y \leq g(x)\}$. O teorema de Pappus afirma que o volume do sólido de revolução obtido pela rotação em torno do eixo x do conjunto X é igual o produto da área de X pelo comprimento da circunferência descrita pelo centro de massa de X. Demonstre o teorema de Pappus!

8. Calcule o volume do sólido obtido pela rotação, em torno do eixo x, do círculo $x^2 + (y-2)^2 = 1$ em torno do eixo x.

Respostas

Exercício 1

a) $4J$ ($J =$ Joule, que corresponde o trabalho realizado por uma força de 1 Newton no deslocamento de 1 metro.)

b) $-63J$ c) $1J$ d) $\frac{1}{2}J$

Exercício 2

b) $\frac{(v(0))^2}{2g}$

Exercício 3

a) $x_G = \frac{16}{5}$

Exercício 4

a) $\left(\frac{45}{28}, \frac{93}{70}\right)$ b) $\left(0, \frac{4}{3\pi}\right)$ c) $\left(\frac{2}{3\pi}, \frac{2}{3\pi}\right)$ d) $(0, 0)$

Exercício 8

$4\pi^2$

2.9 Integrais Impróprias

Na definição de integrais, consideramos a função do integrando contínua em um intervalo fechado e limitado. Iremos estender a definição de integral para os seguintes casos

- Funções com intervalo do tipo $[a, +\infty)$, $(-\infty, b]$ ou $(-\infty, +\infty)$.
- Funções que não são limitadas.

A integral imprópria é uma extensão natural das integrais próprias e aparece naturalmente na física e no estudo de probabilidade e estatística. Um exemplo na física é se considerarmos a Lei da Gravitação Universal

$$\vec{F} = -G\frac{mM}{r^2} \cdot \hat{\mathrm{r}}.$$

Se calcularmos a energia potencial gravitacional da Terra sobre uma partícula de massa m a uma distância r_1 da Terra, que tem massa M, e, convencionando que a energia potencial é 0 para todas as partículas a uma distância r_0 da Terra, temos que

$$\begin{aligned} U(r_1) &= -\int_{r_0}^{r_1} -G \cdot \frac{mM}{r^2}\,\mathrm{d}r = -\frac{GmM}{r}\bigg|_{r_0}^{r_1} \\ &= \frac{GmM}{r_0} - \frac{GmM}{r_1}. \end{aligned}$$

Devido a natureza complicada de se escolher um referencial fixo para ser o nível 0, costuma-se escolher o $+\infty$ e, daí, temos $U(r_1) = -\dfrac{GmM}{r_1}$. Em outras palavras, foi calculado que

$$-\int_{+\infty}^{r_1} G\frac{mM}{r^2}\,\mathrm{d}r = \int_{r_1}^{+\infty} G\frac{mM}{r^2}\,\mathrm{d}r = -G\frac{mM}{r_1}.$$

Observação

Há duas complicações teóricas omitidas neste texto. A primeira é que para as fórmulas acimas estarem devidamente justificadas, precisa-se mostrar que as forças radiais são conservativas. Isso faz parte de um curso de integrais de linha, que é normalmente dado no terceiro período de uma graduação.

A segunda complicação é mostrar que a atração gravitacional da Terra sobre uma partícula externa de massa m fornece o mesmo resultado se supormos que toda a massa M da Terra estivesse *concentrada* no seu centro de massa.

Vimos na seção 2.7 que o comprimento de arco do gráfico de uma função $f : [a,b] \to \mathbb{R}$ de classe C^1 é dado por

$$\int_a^b \sqrt{1+[f'(x)]^2}\, \mathrm{d}x.$$

Para calcular o comprimento do semicírculo de raio $x^2+y^2 = 1$ com $y \geq 0$, devemos considerar a função $f : [-1,1] \to \mathbb{R}$ dada por $f(x) = \sqrt{1-x^2}$ e daí, $f'(x) = \dfrac{-x}{\sqrt{1-x^2}}$, portanto,

$$\int_{-1}^1 \sqrt{1+\frac{x^2}{1-x^2}}\, \mathrm{d}x = \int_{-1}^1 \sqrt{\frac{1}{1-x^2}}\, \mathrm{d}x.$$

O comprimento do semicírculo é a área entre o eixo x e o gráfico da função $g(x) = \dfrac{1}{\sqrt{1-x^2}}$.

A integral acima é $\operatorname{arcsen} x$ e é considerada uma *primitiva imediata*. É possível, portanto, mostrar que é igual π. Há algumas tecnicalidades na parte escrita, que será suprida nesta seção.

Sugerimos a nossa videoaula Um Exemplo Natural de Integrais Impróprias - Comprimento de Arco.

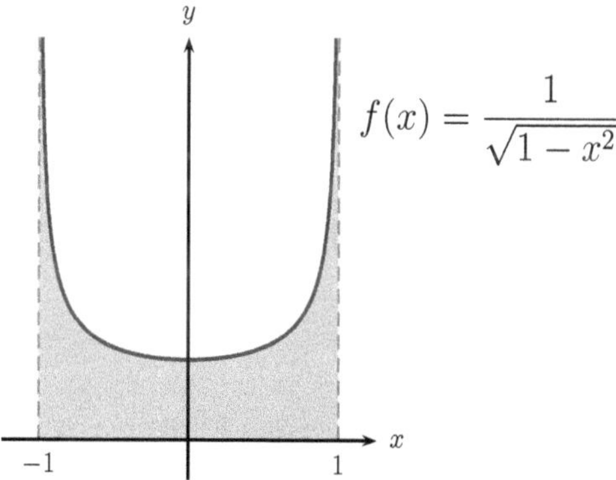

Figura 2.20: A área da região acima é π.

Começaremos definindo integral em intervalos ilimtados.

Definição 2.9.1: Integral Imprópria - Caso 1

Seja $f : [a, +\infty) \to \mathbb{R}$ função integrável em $[a, b]$ para todo $b > a$. Definimos

$$\int_a^{+\infty} f(x)\,\mathrm{d}x = \lim_{b \to +\infty} \int_a^b f(x)\,\mathrm{d}x.$$

Se $g : (-\infty, b] \to \mathbb{R}$ função integrável para todo $[a, b]$ com $a < b$. Definimos

$$\int_{-\infty}^b g(x)\,\mathrm{d}x = \lim_{a \to -\infty} \int_a^b g(x)\,\mathrm{d}x.$$

Dizemos que a integral imprópria é convergente se os seus respectivos limites existem e são finitos. Caso contrário, dizemos que a integral é divergente.

Caso a função $f : [a, +\infty) \to \mathbb{R}$ seja positiva, então temos a interpretação geométrica de área de uma região ilimitada. Apesar da região ser ilimitada, a área pode ser finita. Vamos resolver alguns exemplos para entendermos a ideia.

Exemplo 2.9.2: Vamos analisar $\displaystyle\int_1^{+\infty} \frac{\mathrm{d}x}{x}$. Temos que

$$\begin{aligned}\int_1^{+\infty} \frac{1}{x}\,\mathrm{d}x &= \lim_{b \to +\infty} \int_1^b \frac{\mathrm{d}x}{x} \\ &= \lim_{b \to +\infty} (\ln|b| - \ln|1|) = +\infty.\end{aligned}$$

Em particular, $\displaystyle\int_1^{+\infty} \frac{\mathrm{d}x}{x}$ diverge.

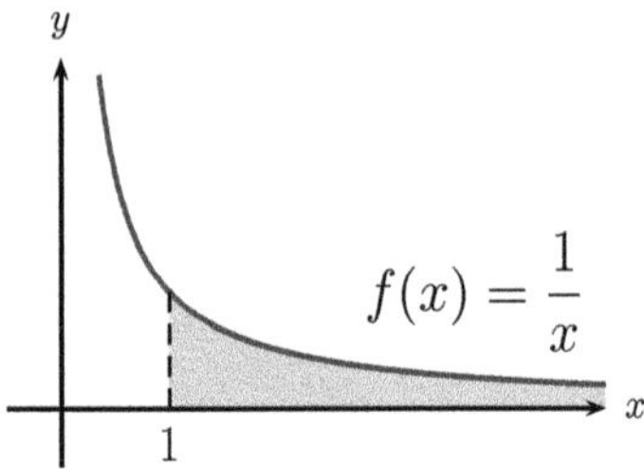

Figura 2.21: A área da região é infinita.

Exemplo 2.9.3: Vamos analisar $\displaystyle\int_1^{+\infty} \frac{1}{x^2}\,\mathrm{d}x$. Temos que

$$\begin{aligned}\int_1^{+\infty} \frac{\mathrm{d}x}{x^2} &= \lim_{b\to+\infty} \int_1^b \frac{\mathrm{d}x}{x^2} \\ &= \lim_{b\to+\infty} \left(\frac{-1}{b} + 1\right) = 1.\end{aligned}$$

Em particular, $\displaystyle\int_1^{+\infty} \frac{1}{x^2}\,\mathrm{d}x$ converge para o valor 1.

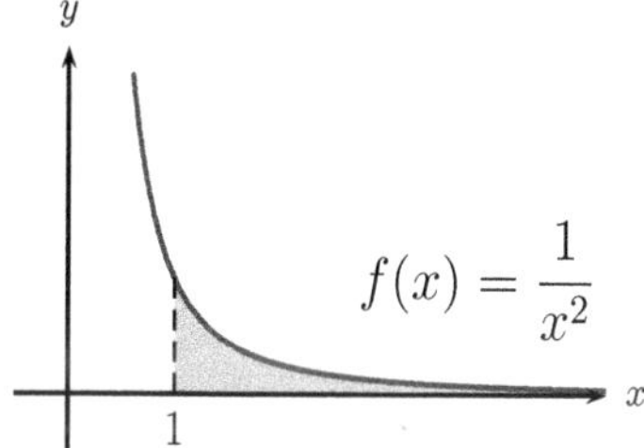

Figura 2.22: A área da região é finita.

Exemplo 2.9.4: Vamos analisar $\displaystyle\int_{-\infty}^{0} \cos x\,\mathrm{d}x$. Temos que

$$\int_{-\infty}^{0} \cos x\,\mathrm{d}x = \lim_{a\to-\infty} \int_a^0 \cos x\,\mathrm{d}x = \lim_{a\to-\infty} -\operatorname{sen} a.$$

Como não existe $\displaystyle\lim_{a\to-\infty} -\operatorname{sen} a$, concluímos que $\displaystyle\int_{-\infty}^{0} \cos x\,\mathrm{d}x$ diverge.

Exemplo 2.9.5: Vamos analisar a convergência de $\displaystyle\int_1^{+\infty} \frac{1}{x^p}\,\mathrm{d}x$ para todo $p \in \mathbb{R}$. Mais precisamente, vamos mostrar que

$$\int_1^{+\infty} \frac{1}{x^p}\,\mathrm{d}x = \begin{cases} \dfrac{1}{p-1}, & \text{se } p > 1, \\ +\infty, & \text{se } p \leq 1. \end{cases}$$

Foi mostrado no exemplo 2.9.2 que se $p = 1$, então a integral diverge.

Supomos que $p \neq 1$, então

$$\int_1^{+\infty} \frac{1}{x^p}\,\mathrm{d}x = \lim_{b\to+\infty} \int_1^b \frac{1}{x^p}\,\mathrm{d}x = \lim_{b\to+\infty} \left.\frac{-1}{(p-1)x^{p-1}}\right|_1^b$$
$$= \lim_{b\to+\infty} \left(\frac{1}{p-1} - \frac{1}{(p-1)b^{p-1}}\right).$$

Finalmente, note que se $p-1>0$, então $\lim_{b\to+\infty} \frac{1}{b^{p-1}} = 0$ e, portanto,

$$\lim_{b\to+\infty} \left(\frac{1}{p-1} - \frac{1}{(p-1)b^{p-1}}\right) = \frac{1}{p-1}.$$

Se $p<1$, então $\lim_{b\to+\infty} \frac{1}{b^{p-1}} = \lim_{b\to+\infty} b^{1-p} = +\infty$. Isso mostra que se $p<1$, então

$$\lim_{b\to+\infty} \left(\frac{1}{p-1} - \frac{1}{(p-1)b^{p-1}}\right) = +\infty.$$

O termo *integral imprópria* se deve ao fato de que $\int_a^{+\infty} f(x)\,\mathrm{d}x$ pode não estar bem definida, necessitando de uma análise cuidadosa para discutir a sua existência ou, equivalentemente, a sua convergência.

Definição 2.9.6: Integral Imprópria - Caso 2

Seja $f:(a,b]\to\mathbb{R}$ função contínua com $\lim_{x\to a^+} f(x) = \pm\infty$, definimos

$$\int_a^b f(x)\,\mathrm{d}x = \lim_{\varepsilon\to0^+} \int_{a+\varepsilon}^b f(x)\,\mathrm{d}x.$$

Se $g:[a,b)\to\mathbb{R}$ função contínua com $\lim_{x\to b^-} g(x) = \pm\infty$, definimos

$$\int_a^b g(x)\,\mathrm{d}x = \lim_{\varepsilon\to0^+} \int_a^{b-\varepsilon} g(x)\,\mathrm{d}x.$$

Dizemos que a integral imprópria é convergente se os seus respectivos limites existem e são finitos. Caso contrário, dizemos que a integral imprópria é divergente.

Exemplo 2.9.7: Vamos analisar $\displaystyle\int_0^1 \frac{1}{x}\,\mathrm{d}x$. Temos que

$$\int_0^1 \frac{1}{x}\mathrm{d}x = \lim_{\varepsilon\to 0^+}\int_\varepsilon^1 \frac{1}{x}\mathrm{d}x = \lim_{\varepsilon\to 0^+}\big(\ln 1 - \ln\varepsilon\big) = +\infty.$$

Logo $\displaystyle\int_0^1 \frac{1}{x}\,\mathrm{d}x$ diverge.

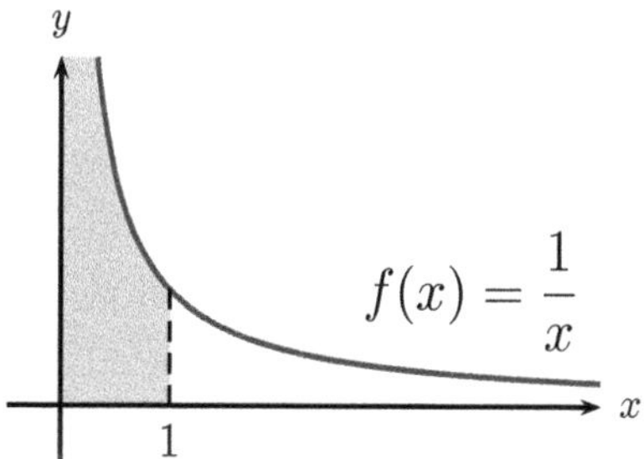

Figura 2.23: A área da região é infinita.

Exemplo 2.9.8: Vamos analisar $\displaystyle\int_0^1 \frac{1}{\sqrt{x}}\,\mathrm{d}x$. Temos que

$$\int_0^1 \frac{1}{\sqrt{x}}\mathrm{d}x = \lim_{\varepsilon\to 0^+}\int_\varepsilon^1 \frac{1}{\sqrt{x}}\mathrm{d}x = \lim_{\varepsilon\to 0^+} 2\sqrt{x}\Big|_\varepsilon^1 = \lim_{\varepsilon\to 0^+}(2 - 2\sqrt{\varepsilon}) = 2.$$

Logo $\displaystyle\int_0^1 \frac{1}{\sqrt{x}}\,\mathrm{d}x$ converge para 2.

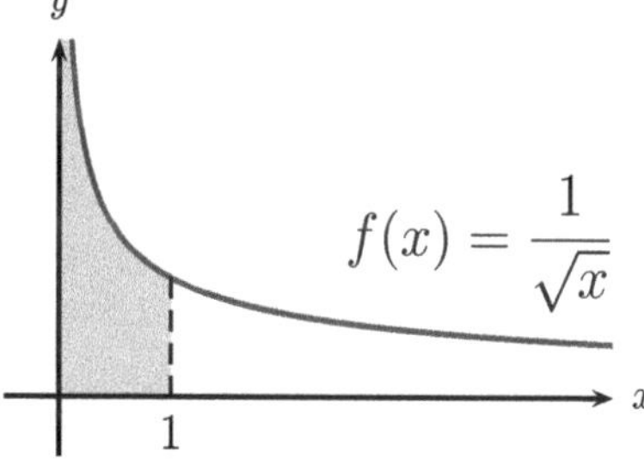

Figura 2.24: a Área da região é finita.

Finalmente, destacamos uma última definição de integral imprópria e deixamos as outras adaptações para o leitor.

Definição 2.9.9: Integral Imprópria - Caso 3

Se $h : [a, c) \cup (c, b] \to \mathbb{R}$ função contínua e ilimitada, definimos

$$\int_a^b h(x)\,dx = \int_a^c h(x)\,dx + \int_b^c h(x)\,dx,$$

onde cada uma das integrais são impróprias. Dizemos que $\int_a^b h(x)\,dx$ converge se cada uma das integrais da direita for finita.

Seja $f : (a, +\infty) \to \mathbb{R}$ função contínua com $\lim_{x \to a^+} f(x) = \pm\infty$. Definimos

$$\int_a^{+\infty} f(x)\,dx = \int_a^c f(x)\,dx + \int_c^{+\infty} f(x)\,dx, \quad c \in (a, +\infty).$$

Dizemos que a integral imprópria converge se as duas integrais correspondentes convergirem, independentemente da escolha de $c > a$.

Se $g : \mathbb{R} \to \mathbb{R}$ contínua, definimos

$$\int_{-\infty}^{+\infty} g(x)\,dx = \int_{-\infty}^{c} g(x)\,dx + \int_c^{+\infty} g(x)\,dx.$$

Dizemos que a integral imprópria converge, se as duas integrais correspondentes convergirem, independentemente da escolha de $c \in \mathbb{R}$.

Exemplo 2.9.10: Vamos analisar $\int_0^{+\infty} \frac{1}{x^2}\,dx$. Escolha $c > 0$, então

$$\int_0^{+\infty} \frac{1}{x^2}\,dx = \int_0^c \frac{1}{x^2}\,dx + \int_c^{+\infty} \frac{1}{x^2}\,dx.$$

Temos que

$$\int_0^c \frac{1}{x^2}\,dx = \lim_{\varepsilon \to 0^+} \int_\varepsilon^c \frac{1}{x^2}\,dx = \lim_{\varepsilon \to 0^+} \frac{-1}{x}\bigg|_\varepsilon^c = \lim_{\varepsilon \to 0^+} \left(\frac{1}{\varepsilon} - \frac{1}{c}\right) = +\infty.$$

Logo $\int_0^{+\infty} \frac{1}{x^2}\,dx$ diverge.

Em vários problemas, é bastante complicado dizer se uma integral imprópria converge ou diverge e, caso convirja, é mais complicado ainda encontrar o seu valor. O critério da comparação é um resultado bastante útil para discutir a convergência de uma integral sem precisar calculá-la.

Teorema 2.9.11: Critério da Comparação

Sejam $f, g : [a, +\infty) \to \mathbb{R}$ funções **positivas**, integráveis em $[a, b]$ para todo $b > a$ e com $f(x) \leq g(x)$ para todo $x \in [a, +\infty)$.

- Se $\displaystyle\int_a^{+\infty} f(x)\,dx$ diverge, então $\displaystyle\int_a^{+\infty} g(x)\,dx$ diverge.
- Se $\displaystyle\int_a^{+\infty} g(x)\,dx$ converge, então $\displaystyle\int_a^{+\infty} f(x)\,dx$ converge.

Demonstração:

A demonstração pode ser vista na nossa videoaula Demonstração do Critério da Comparação para Integrais Impróprias.

O teorema é bastante intuitivo se interpretarmos geometricamente o conceito de integral como área, como pode ser visto pela figura 2.9

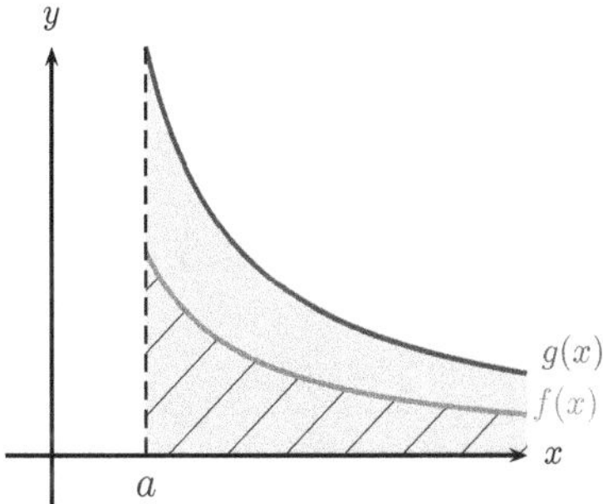

Se a área da região pintada for finita, então a área da região tracejada é finita.
Se a área da região tracejada é infinita, então a área da região pintada é infinita.

Devemos verificar que as funções f e g são positivas. A parte complicada desse resultado é encontrar a função que faz a comparação. Sugerimos a videoaula Introdução ao Critério da Comparação para Integrais Impróprias.

Para exemplos mais complicados, sugerimos a videoaula Exemplos para Critério de Comparação para Integrais Impróprias.

Exemplo 2.9.12: Analisemos a convergência de $\displaystyle\int_1^{+\infty} \frac{2+\operatorname{sen} x}{x^2}\,\mathrm{d}x$.

Lembremos que $-1 \leq \operatorname{sen} x \leq 1$ e, portanto, $1 \leq 2+\operatorname{sen} x \leq 3$ e, dividindo tudo por x^2, concluímos

$$\frac{1}{x^2} \leq \frac{2+\operatorname{sen} x}{x^2} \leq \frac{3}{x^2}.$$

Sabendo que $\displaystyle\int_1^{+\infty} \frac{3}{x^2}\,\mathrm{d}x$ converge, então, para utilizar o critério da comparação, devemos tomar $f(x) = \dfrac{2+\operatorname{sen} x}{x^2}$ e $g(x) = \dfrac{3}{x^2}$ e, portanto,

$$\int_1^{+\infty} \frac{2+\operatorname{sen} x}{x^2} \quad \text{converge.}$$

Exemplo 2.9.13: Analisemos a convergência de $\displaystyle\int_1^{+\infty} \frac{2+\cos x}{x}\,\mathrm{d}x$.

Lembremos que $-1 \leq \cos x \leq 1$ e, portanto, $1 \leq 2+\cos x \leq 3$ e, dividindo tudo por x, concluímos

$$\frac{1}{x} \leq \frac{2+\cos x}{x} \leq \frac{3}{x}.$$

Sabendo que $\displaystyle\int_1^{+\infty} \frac{1}{x}\,\mathrm{d}x$ diverge, então, para utilizar o critério da comparação, devemos tomar $f(x) = \dfrac{1}{x}$ e $g(x) = \dfrac{2+\cos x}{x}$ e, portanto,

$$\int_1^{+\infty} \frac{2+\cos x}{x} \quad \text{diverge.}$$

Exemplo 2.9.14: Considere a integral $f(x) = \displaystyle\int_0^{+\infty} e^{-x^2}\,\mathrm{d}x$. Sabemos que $e^u \geq 1+u$ para todo $u \geq 0$. Portanto, $e^{-u} = \dfrac{1}{e^u} \leq \dfrac{1}{1+u}$ para todo $u \geq 0$ e, daí, fazendo $u = x^2$, temos que $e^{-x^2} \leq \dfrac{1}{1+x^2}$. Sabemos que

$$\int_0^{+\infty} \frac{1}{1+x^2}\,\mathrm{d}x = \lim_{b\to+\infty} \big(\operatorname{arctg}(b) - \operatorname{arctg}(0)\big) = \frac{\pi}{2}.$$

Como $\int_0^{+\infty} \frac{1}{1+x^2}\,dx$ converge e vale $0 < e^{-x^2} \leq \frac{1}{1+x^2}$, concluímos, pelo teste da comparação, que

$$\int_0^{+\infty} e^{-x^2}\,dx \text{ converge.}$$

Há um teste rápido para a divergência de uma integral imprópria.

Teorema 2.9.15: Teste de Divergência

Seja $f : [a, +\infty) \to \mathbb{R}$ integrável e suponha que $\lim_{x\to+\infty} f(x) = L$ tal que $L \neq 0$ ou $L = \pm\infty$, então $\int_a^{+\infty} f(x)\,dx$ diverge.

Demonstração:

A demonstração pode ser vista na videoaula Demonstração do Teste da Divergência. Vamos provar o caso em que $\lim_{x\to+\infty} f(x) = +\infty$. Como f cresce indefinidamente, existe um ponto c tal que $f(x) > 1$ para todo $x \in [c, +\infty)$. Como $\int_c^{+\infty} 1\,dx = +\infty$, então, pelo critério da comparação, $\int_c^{+\infty} f(x)\,dx$ diverge.

Exemplo 2.9.16: A integral $\int_1^{+\infty} \frac{x-1}{x-6}\,dx$ diverge pois, pela regra de L'Hospital, $\lim_{x\to+\infty} \frac{x-1}{x-6} = 1$.

A integral $\int_1^{+\infty} \frac{1}{x}\,dx$ diverge, apesar de termos $\lim_{x\to+\infty} \frac{1}{x} = 0$.

Para funções gerais, em que há uma oscilação do sinal, existe um teste muito útil que é o teste do módulo. Sugerimos a videoaula Teste do Módulo para Integrais Impróprias.

Teorema 2.9.17: Teste do Módulo

Seja $f : [a, +\infty) \to \mathbb{R}$ integrável tal que $\int_a^{+\infty} |f(x)|\,dx$ converge. Então $\int_a^{+\infty} f(x)\,dx$ converge.

Demonstração:
A demonstração se encontra na videoaula Demonstração do Teste do Módulo. Vamos reproduzi-la aqui.

Como $0 \leq f(x)+|f(x)| \leq 2|f(x)|$ e $\int_a^{+\infty} 2\big|f(x)\big|\,\mathrm{d}x$ converge, então, pelo critério da comparação, $\int_a^{+\infty} f(x) + \big(|f(x)|\big)\,\mathrm{d}x$ converge. Daí,

$$\int_a^{+\infty} f(x)\,\mathrm{d}x = \int_a^{+\infty} \big(f(x) + |f(x)|\big)\,\mathrm{d}x - \int_a^{+\infty} \big|f(x)\big|\,\mathrm{d}x$$

converge, pois é a soma de integrais impróprias que convergem.

Exemplo 2.9.18: A integral imprópria $\int_1^{+\infty} \frac{\operatorname{sen} x}{x^2}\,\mathrm{d}x$ converge, pois, para todo $x \geq 1$, temos $\left|\frac{\operatorname{sen} x}{x^2}\right| = \frac{|\operatorname{sen} x|}{x^2} \leq \frac{1}{x^2}$.

Como a integral $\int_1^{+\infty} \frac{1}{x^2}\,\mathrm{d}x$ converge, então $\int_1^{+\infty} \frac{|\operatorname{sen} x|}{x^2}\,\mathrm{d}x$ converge, pelo teste da comparação. Concluímos que $\int_1^{+\infty} \frac{\operatorname{sen} x}{x^2}\,\mathrm{d}x$ converge, pelo teste do módulo.

Observações

- Tomando $f(x) = \operatorname{sen}(x^2)$, é possível demonstrar que a integral $\int_0^{+\infty} f(x)\,\mathrm{d}x$ converge, embora não exista $\lim\limits_{x\to+\infty} f(x)$. Uma das hipóteses do teorema 2.9.15 exige que $\lim\limits_{x\to+\infty} f(x) = L$, podendo L ser finito ou infinito.
- É possível mostrar que se $f(x) = \frac{\operatorname{sen} x}{x}$, então $\int_1^{+\infty} f(x)\,\mathrm{d}x$ é convergente, mas $\int_1^{+\infty} \big|f(x)\big|\,\mathrm{d}x$ é divergente. Logo, não existe uma espécie de recíproca do teorema 2.9.17.
- É necessário utilizar a integração por partes para demonstrar as observações anteriores. Para o leitor que tiver curioso, sugerimos a videoaula Exemplos mais Complicados de Integrais Impróprias.

Exercícios

1. Discuta se as integrais abaixo convergem ou divergem e, caso convirjam, calcule o seu valor.

a) $\displaystyle\int_1^{+\infty} e^{-3x}\,\mathrm{d}x$ b) $\displaystyle\int_0^1 \frac{\mathrm{d}x}{x^{5/6}}$ c) $\displaystyle\int_e^{+\infty} \frac{\mathrm{d}x}{x\ln x}$

d) $\displaystyle\int_e^{+\infty} \frac{\mathrm{d}x}{x(\ln x)^2}$ e) $\displaystyle\int_0^{+\infty} e^{-x}\operatorname{sen} x\,\mathrm{d}x$ f) $\displaystyle\int_0^{+\infty} e^{x}\cos x\,\mathrm{d}x$

2. Seja $f : [a,+\infty) \to \mathbb{R}$ uma função contínua. O valor médio de f em $[a,+\infty)$ é definido por $\displaystyle\lim_{t\to+\infty} \frac{1}{t-a}\int_a^t f(x)\,\mathrm{d}x$.

a) Encontre o valor médio de $f(x) = \cos x$ em $[0,+\infty)$.

b) Encontre o valor médio de $f(x) = \operatorname{arctg} x$ no intervalo de $[0,+\infty)$.

c) Se $\displaystyle\int_a^{+\infty} f(x)\,\mathrm{d}x$ converge, mostre que o valor médio de f é 0.

d) Se $\displaystyle\int_a^{+\infty} f(x)\,\mathrm{d}x$ diverge e $\displaystyle\lim_{x\to+\infty} f(x) = L$, mostre que o valor médio da função f é L.

3. Discuta se as integrais abaixo convergem ou divergem.

a) $\displaystyle\int_1^{+\infty} \frac{\mathrm{d}x}{x^4+1}$ b) $\displaystyle\int_2^{\infty} \frac{1}{\sqrt{x^3-1}}\,\mathrm{d}x$

c) $\displaystyle\int_1^{+\infty} \frac{2+\cos x}{x^2}\,\mathrm{d}x$ d) $\displaystyle\int_0^{+\infty} \frac{2+\cos x}{x^2}\,\mathrm{d}x$

4. O trompete de Gabriel é formado pela rotação ao redor do eixo x do gráfico $y = \dfrac{1}{x}$, com $x \in [1,+\infty)$. Mostre que a região delimitada pelo trompete tem volume finito, mas área lateral infinita.

Conclusão: É fácil pintar a parte interna do trompete, basta encher de tinta, mas é difícil pensar em um mecanismo para pintar a parte externa do trompete.

5. Sabendo que a transformada de Laplace da função $f : [0, +\infty) \to \mathbb{R}$ é definida por $F(s) = \int_0^{+\infty} e^{-st} f(t)\, dt$, faça o que se pede em cada um dos itens abaixo.

a) Mostre que $F(s) = \dfrac{k}{s}$ é a transformada de Laplace da função constante $f(x) = k$.

b) Encontre a transformada de Laplace da funções $f(t) = e^{3t}$, $g(t) = t$ e $h(t) = \operatorname{sen} t$.

c) Se existem $M, k \in \mathbb{R}$ tais que $|f(t)| \leq Me^{kt}$ para todo $t \geq 0$, então a integral imprópria $F(s)$ converge para todo $s > k$.

d) Mostre que não existe a transformada de Laplace de $f(t) = e^{t^2}$.

Respostas

Exercício 1

a) $\dfrac{1}{3e^3}$ b) 6 c) Diverge

d) 1 e) $\dfrac{1}{2}$ f) Diverge

Exercício 2

a) 0 b) $\dfrac{\pi}{2}$

Exercício 3

a) Converge b) Converge

c) Converge d) Diverge

Exercício 4

b) $F(s) = \dfrac{1}{s-3}$, $G(s) = \dfrac{1}{s^2}$ e $H(s) = \dfrac{1}{1+s^2}$

Capítulo

3 Discussão mais Avançada de Integrais

3.1 Introdução

No capítulo 2, houve uma discussão mais ampla de integração, que costumam ser utilizadas com bastante frequência em cursos de engenharia, especialmente em disciplinas de física. As únicas exceções, com direito a uma boa discussão, seriam as aplicações geométricas tais como volume de sólido de revolução e também o critério de comparação para integrais impróprias.

As aplicações geométricas são muito interessantes pois o leitor é convidado a utilizar as ideias de soma de Riemann. Tais ideias são muito utilizadas na física e na química com uma linguagem ligeiramente específica para o assunto. Por exemplo, na seção 2.8, vimos exatamente as mesmas ideias serem aplicadas para o cálculo de trabalho, massa e centro de massa.

Talvez um pouco mais polêmico é o critério de comparação para integrais impróprias. A ideia de encontrar uma função comparadora e de, certa forma, estudar a velocidade de decaimento de uma função do estilo $\frac{1}{x^\alpha}$ quando $x \to +\infty$ para discutir se a integral associada converge ou diverge são ideias idênticas para séries numéricas. Mais precisamente, observar, com certa intuição como as funções se comportam assintoticamente é frequentemente utilizado em diversas áreas aplicadas. Além disto, o critério da comparação pode ser pensado como um dos resultados base para encontrar uma família de funções que admitem a *Transformada de Laplace*, que é uma técnica de resolução de equações diferenciais muito utilizadas na Engenharia, com um bom destaque para a teoria do controle.

O critério da comparação é mais polêmico pelo fato de que é possível encontrar uma família de funções que admite Transformada de Laplace via uma exposição de uns 20 a 30 minutos, com a função comparadora específica. Na parte de séries numéricas, o estudante é convidado a refletir assintotaticamente de forma bastante natural. Por esta razão, o critério da comparação foi colocado, propositalmente, como o último assunto do capítulo 2.

Finalmente, o objetivo deste capítulo é estudar assuntos mais específicos do cálculo e que, provavelmente por tradição, estão na ementa da maioria dos cursos de cálculo integral. A seção 3.2 estuda funções definidas por integrais e fazemos uma breve digressão histórica para reconstrução da função logaritmo definida por $\ln x = \int_1^x \frac{\mathrm{d}t}{t}$. Com as mesmas ideias, estudaremos a função gama.

Nas seções 3.3 e 3.4, estudaremos técnicas específicas de integração, a saber, frações parciais e algumas substituições especiais, tais como a substituição trigonométrica, a substituição universal e a substituição por hiperbólicas. Essas técnicas aumentam a quantidade de funções que conseguimos integrar, mas são muito mais específicas e, em geral, menos utilizadas que a substituição (geral) e a integração por partes.

A técnica de frações parciais é de natureza algébrica em que estuda funções racionais, isto é, funções do tipo $f(x) = \frac{P(x)}{Q(x)}$ onde P e Q são polinômios. Essa teoria algébrica é bastante utilizada na Transformada de Laplace e também faz parte de algoritmos de computação simbólica para o cálculo de integração.

As substituições especiais, principalmente a trigonométrica, são técnicas que resolvem muitos problemas na física, em que aparece integrais do tipo $\int \sqrt{R^2 - x^2}\, \mathrm{d}x$. Em geral, os livros de física conseguem "esconder" tais integrais ao trabalhar diretamente com coordenadas polares na modelagem do problema. Destacamos também a substituição hiperbólica pois ela é equivalente à substituição trigonométrica.

O uso de software deve ser estimulado para os alunos e, acredito, que seja interessante introduzir alguns resultados matemáticos que fazem parte da base teórica para a implementação e criação destes softwares. Por conta disso, a seção 3.5 é uma breve introdução a integrais Liouvillianas, que é um dos resultados base para a implementação de algoritmo simbólico para resolução de integrais.

Exemplos de softwares que resolvem simbolicamente as integrais, são Wolfram, Geogebra, Sage e o pacote numpy do Python. Novamente, a técnica de frações parciais tem um contexto interessante para esta implementação, especialmente o algoritmo de divisão de polinômios.

3.2 Definição de Funções por meio de Integrais

Seja $f : \mathbb{R} \to \mathbb{R}$ função contínua e fixe $a \in \mathbb{R}$, podemos construir uma função $F : \mathbb{R} \to \mathbb{R}$ dada por

$$F(x) = \int_a^x f(t)\,\mathrm{d}t.$$

Pelo teorema fundamental do cálculo, F é derivável e vale $F'(x) = f(x)$. Veremos na seção 3.5 que, com o processo de integração, é possível criar *novas* funções de natureza diferente dos logaritmos, exponenciais, trigonométricas ou polinomiais, isto é, cria-se uma função que não é elementar.

Nesta seção, vamos nos dedicar a dois tipos especiais de funções. A primeira delas já é uma conhecida nossa, mas será estudada novamente do ponto de vista histórico. A outra função é a que chamamos de função gama e será uma extensão da função fatorial.

Em um curso de cálculo diferencial, começamos estudando a função exponencial, depois definimos a função logaritmo como a inversa da função exponencial e, para encontrar a fórmula de derivadas, precisávamos trabalhar com o número de Euler $e = \lim\limits_{x\to+\infty}\left(1 + \dfrac{1}{x}\right)^x$, sendo que uma parte razoavelmente complicada é demonstrar que este limite existe. Este caminho de construção do logaritmo como inversa da função exponencial é devido a Euler no seu livro *Introduction to the Analysis of the Infinite* em 1748.

Historicamente, a função logaritmo foi criada antes da função exponencial, via uma construção abstrata por John Napier em 1614. Em 1649, Alfons de Sarasa, discípulo do jesuíta Grégorie de Saint-Vincent, relacionou os logaritmos com a quadratura da hipérbole, em que mostrou que a área $A(t)$ sob o gráfico da hipérbole $y = \dfrac{1}{x}$, de $x = 1$ até $x = t$ satisfaz

$$A(st) = A(s) + A(t).$$

Devido a esta fórmula, Saint-Vincent nomeou tal função como logaritmo hiperbólico. Apenas por curiosidade, Saint-Vincent resolveu o paradoxo de Zenão sobre a corrida entre Aquiles e a Tartaruga, mostrando que os intervalos temporais formavam uma progressão geométrica de razão menor que 1 e, portanto, tinha soma finita.

Para situarmos historicamente o leitor, estamos em 1649 e a criação do cálculo por Newton ocorreu em 1667, sendo que o grande divulgador, que popularizou o cálculo, foi Leibniz em torno de 1680.

Em 1668, Mercator percebeu que $\frac{1}{x}$ pode ser visto como a soma limite de uma progressão geométrica com primeiro termo sendo o número 1 e a razão sendo $-(x-1)$. Em outras palavras,

$$\frac{1}{x} = \frac{1}{1+(x-1)} = 1-(x-1)+(x-1)^2-(x-1)^3+\ldots+(-1)^n(x-1)^n+\ldots$$

e o cálculo da área funciona bem no intervalo $(0,2)$, pois $|x-1|<1$. Com essa ideia, ele utilizou a fórmula da área sob a curva de $y=x^n$, já conhecida e deduzida de forma brilhante por Fermat (ver seção 1.A) e concluiu que a área centrada a partir de $t=1$ é dada por uma série infinita

$$(t-1) - \frac{(t-1)^2}{2} + \frac{(t-1)^3}{3} - \frac{(t-1)^4}{4} + \ldots + (-1)^n\frac{(t-1)^{n+1}}{n+1} + \ldots$$

E, com essa visão, ele percebeu que se $t \in (0,1)$, então o valor seria negativo e, portanto, é interessante trabalhar com a área sob a hipérbole com sinal.

Em notação atual, eles estudaram a função $A(t) = \int_1^t \frac{1}{x}\,\mathrm{d}x$. Euler estudou a função e percebeu que o número $e = 2,71828...$ é o ponto que faz a área ser 1. Ele chamou o logaritmo com esta base de *logaritmo natural*.

Um dos objetivos desta seção é, a partir da definição acima, provar todas as propriedades básicas do logaritmo natural. Vamos também aceitar o fato que x^r está bem definida para todo $x>0$ e $r \in \mathbb{Q}$. Mais ainda, vamos considerar que sabemos derivar tais funções. Para convencer o leitor que não é um grande pedido, recomendamos a videoaula [Revisão] - Função Exponencial - Definindo nos Inteiros, a videoaula [Revisão] - Função Exponencial - Definindo nos Racionais e também Demonstração da Derivada de x^p para $p \in \mathbb{Q}$.

Definição 3.2.1: Logaritmo Natural

O logaritmo natural de x, denotado por $\ln x$ é definido por

$$\ln x = \int_1^x \frac{1}{t}\,\mathrm{d}t, \quad x>0.$$

Usaremos a convenção que se $0 < x < 1$, então $\int_1^x \frac{1}{t}\,\mathrm{d}t = -\int_x^1 \frac{1}{t}\,\mathrm{d}t$ e que $\ln 1 = \int_1^1 \frac{1}{x} = 0$.

Como a função $f(x) = \frac{1}{x}$ é contínua em $(0, +\infty)$, então, pelo teorema fundamental do cálculo, $\ln x$ é derivável e vale $(\ln x)' = \frac{1}{x}$. Mais ainda, como $(\ln x)' > 0$, então $\ln x$ é uma função estritamente crescente e, em particular, f é injetiva.

Como $\ln 1 = \int_1^1 \frac{1}{t}\,\mathrm{d}t = 0$ e $\ln x$ é uma função crescente, então, em particular, $\ln x < 0$ se $0 < x < 1$ e $\ln x > 0$ se $x > 1$.

Teorema 3.2.2: Propriedades Algébricas do Logaritmo

Sejam $a, b > 0$ e $r \in \mathbb{Q}$, então valem as seguintes propriedades.

1. $\ln(a \cdot b) = \ln a + \ln b$,
2. $\ln \frac{b}{a} = \ln b - \ln a$,
3. $\ln a^r = r \ln a$.

Demonstração:

1. Fixe $a > 0$ e considere a função $f(x) = \ln(ax)$, então, pela regra da cadeia, temos que
$$f'(x) = \frac{1}{ax} \cdot a = \frac{1}{x}.$$
Como $f(x)$ e $\ln x$ são primitivas de $\frac{1}{x}$, então existe $C \in \mathbb{R}$ tal que $f(x) = \ln x + C$. Daí, $\ln a = f(1) = \ln 1 + C = C$ e, portanto, $f(x) = \ln x + \ln a$. Substituindo x por b, temos a demonstração da propriedade.

2. Pelo item 1, temos que $\ln(ax) - \ln a = \ln x$ para todo $x \in (0, +\infty)$. Basta, portanto, substituir $x = \frac{b}{a}$.

3. Considere $f(x) = \ln x^r$, então, pela regra da cadeia, temos

$$f'(x) = \frac{1}{x^r} \cdot rx^{r-1} = \frac{r}{x} = r(\ln x)'.$$

Logo existe $C > 0$ tal que $f(x) = r \ln x + C$. Como $f(1) = \ln 1^r = 0$, temos que $C = 0$. O resultado segue substituindo x por a.

Teorema 3.2.3: Proriedades do Logaritmo

1. $\lim\limits_{x \to +\infty} \ln x = +\infty$,
2. $\lim\limits_{x \to 0^+} \ln x = -\infty$,
3. A imagem de $\ln x$ é $\mathbb{R}$.

Demonstração:

1. Como $\ln$ é crescente, basta mostrar que $\ln$ não é uma função limitada, isto é, para todo $M > 0$, exibir um $x > 0$ tal que $\ln x > M$.

   Como $\ln 2 > 0$, existe $N \in \mathbb{N}$ suficientemente grande tal que $N \cdot \ln 2 > M$. Tome $x = 2^N$, temos, portanto,

   $$\ln x = \ln 2^N = N \cdot \ln 2 > M.$$

   Isso mostra que $y = \ln x$ não é uma função limitada.

2. Façamos a mudança de variável $x = \dfrac{1}{t}$ e quando $x \to 0^+$, temos que $t \to +\infty$. Daí,

   $$\lim_{x \to 0^+} \ln x = \lim_{t \to +\infty} \ln\left(\frac{1}{t}\right) = \lim_{t \to +\infty} (\ln 1 - \ln t) = \lim_{t \to +\infty} (-\ln t) = -\infty.$$

3. Como $\ln x$ é contínua, pelos itens 1 e 2 e pelo teorema do valor intermediário, temos que, para todo $y \in \mathbb{R}$, existe $x \in (0, +\infty)$ tal que $\ln x = y$. Para quem tiver dificuldade em entender esta argumentação, sugerimos a videoaula Todo Polinômio de Grau Ímpar Possui Raiz Real.

Definição 3.2.4: Número de Euler

O número de Euler, denotado por e, é o único número real que satisfaz $\ln e = 1$.

O teorema 3.2.3 diz que a função $\ln : (0, +\infty) \to \mathbb{R}$ é bijetiva. Considere, portanto, a sua inversa $\exp : \mathbb{R} \to (0, +\infty)$, que chamamos de função exponencial. Logo, vale que $\ln(\exp x) = x$ para todo x. Por conta disso, é natural escrever $\exp x = e^x$, pois

$$\ln e^x = x \ln e = x \cdot 1 = x.$$

Como $(\ln x)' = \dfrac{1}{x} > 0$, então, pelo teorema da função inversa, a função e^x é derivável e, pela regra da cadeia, temos

$$1 = (x)' = (\ln e^x)' = \frac{1}{e^x}(e^x)'.$$

Daí $(e^x)' = e^x$.

Como e^x é a inversa de $\ln x$, temos também que $e^{\ln x} = x$ e, como temos a fórmula $\ln a^r = r \ln a$ para todo $r \in \mathbb{Q}$, temos que $a^r = e^{r \ln a}$. Podemos, finalmente, definir a exponenciação de número real.

Definição 3.2.5: Função Exponencial

Seja $a > 0$ e $r \in \mathbb{R}$, definimos a^r por

$$a^r = e^{r \ln a}.$$

Deixaremos como exercício para o leitor a demonstração das propriedades algébricas da função exponencial. Mais precisamente,

- $a^p a^q = a^{p+q}$,
- $(a^p)^q = a^{pq}$,
- $\dfrac{a^p}{a^q} = a^{p-q}$,
- $(a^p) \cdot (b^p) = (ab)^p$.

Para o leitor que estiver com dificuldades em demonstrar tais resultados, acreditamos que a aula [Revisão] - Função Logaritmo possa ajudar. Nessa aula, provamos, por exemplo, a identidade $\ln(a.b) = \ln a + \ln b$ baseada na fórmula $e^{a+b} = e^a \cdot e^b$. Só pensar de forma inversa.

Em particular, para todo $r \in \mathbb{R}$, temos que a função $f(x) = x^r$ é derivável e vale

$$(x^r)' = (e^{r \ln x})' = e^{r \ln x} \cdot \frac{r}{x} = x^r \cdot \frac{r}{x} = r x^{r-1}.$$

A mesma ideia vale para a função $f(x) = a^x$. Temos que

$$(a^x)' = (e^{x \ln a})' = e^{x \ln a} \cdot \ln a = a^x \cdot (\ln a).$$

Finalmente, pelo mesmo argumento, a função a^x é injetiva e tem imagem $(0, +\infty)$ e, portanto, é inversível. Definimos, então, $\log_a x$ como a função inversa de a^x. Em particular, temos que $\log_e x = \ln x$.

Esperamos que, com esta breve exposição, convencemos o leitor de que é possível extrair propriedades e ter uma boa descrição de funções definidas por integrais. Para encontrarmos valores, são necessários métodos numéricos com auxílio de softwares.

Uma função bastante utilizada em Probabilidade e Estatística é a função erro, denotado por $\operatorname{erf}(x)$. Ela é definida por

$$\operatorname{erf}(x) = \frac{2}{\sqrt{\pi}} \int_0^x e^{-t^2}\, dt.$$

Ela é uma função crescente e limitada (ver exemplo 2.9.14). A parte mais complicada é demonstrar que $\lim_{x \to +\infty} \operatorname{erf}(x) = 1$.

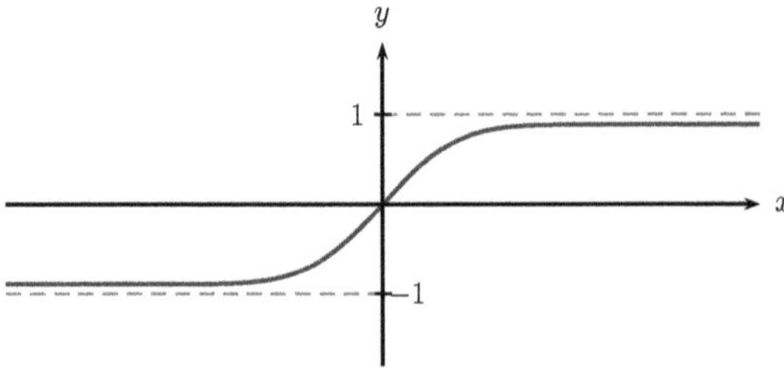

Figura 3.1: Gráfico da função erro.

Em estudos da difração das ondas de luz, Fresnel encontrou as seguintes funções

$$S(x) = \int_0^x \operatorname{sen}\left(\frac{\pi t^2}{2}\right) dt,$$
$$C(x) = \int_0^x \cos\left(\frac{\pi t^2}{2}\right) dt.$$

Estas funções, atualmente, são chamadas de *funções seno e cosseno de Fresnel.*

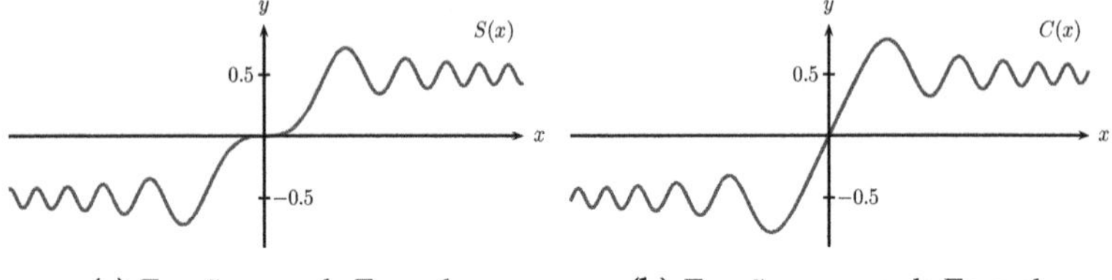

(a) Função seno de Fresnel. **(b)** Função cosseno de Fresnel.

Figura 3.2: Gráfico das funções de Fresnel.

Não é necessário que a variável x esteja no intervalo de integração. Uma família de funções bastante utilizada na área de sinais (telecomunicações) são as funções de Bessel. Por exemplo, uma das representações possíveis para a função de Bessel de ordem 0, denotado por $J_0(x)$, é

$$J_0(x) = \frac{1}{\pi}\int_0^{\pi} \cos\left(x \operatorname{sen}\theta\right) \mathrm{d}\theta.$$

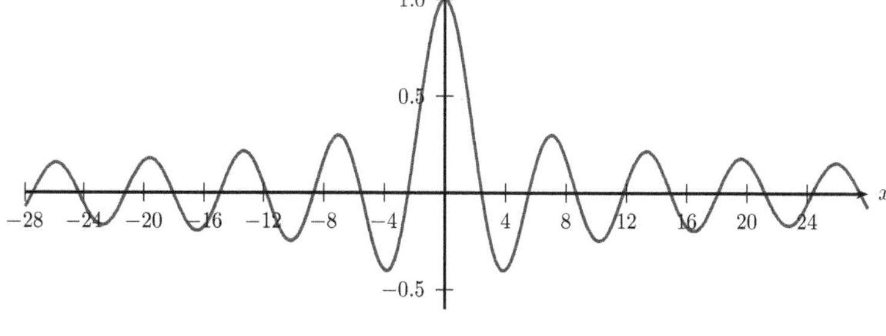

Figura 3.3: Função de Bessel de ordem 0. A escala dos eixos estão diferentes.

Outra função bem famosa definida por integrais é a função Gama Γ.

Definição 3.2.6: Função Gama

A função Gama é definida por

$$\Gamma(t) = \int_0^{+\infty} x^{t-1}e^{-x}\,\mathrm{d}x.$$

A função gama é definida via uma integral imprópria e, portanto, devemos tomar muito cuidado com a sua análise. Recomendamos a videoaula Função Gama e a Extensão do Fatorial. Começamos encontrando uma região em que Γ está bem definida.

Teorema 3.2.7: Domínio da Função Gama

Para todo $t > 0$, a integral imprópria $\Gamma(t)$ converge.

Demonstração:

Fixemos $t > 0$. Observe que se $t < 1$, então a função $x^{t-1}e^{-x}$ não é limitada próximo de 0 e, portanto, devemos separar em duas integrais.

Escrevemos $\Gamma(t) = \int_0^1 x^{t-1}e^{-x}\,dx + \int_1^{+\infty} x^{t-1}e^{-x}\,dx$. Para a primeira integral, observe que $e^{-x} \leq 1$ para todo $x \in [0,1]$, e, então, $x^{t-1}e^{-x} \leq x^{t-1}$ para $x \in [0,1]$. Como,

$$\int_0^1 x^{t-1}\,dx = \lim_{\varepsilon\to 0^+} \left.\frac{x^t}{t}\right|_{\varepsilon}^{1} = \frac{1}{t} - \frac{1}{t}\lim_{\varepsilon\to 0^+} \varepsilon^t = \frac{1}{t}.$$

Como $t > 0$, temos $\lim\limits_{\varepsilon\to 0^+} \varepsilon^t = 0$, daí, pelo critério da comparação (ver teorema 2.9.11), $\int_0^1 x^{t-1}e^{-x}\,dx$ converge.

Note que se $t \geq 1$, a integral $\int_0^1 x^{t-1}e^{-x}\,dx$ é própria e, portanto, um número real, não haveria necessidade de ter feito esta análise.

Para a segunda integral imprópria, seja $n \in \mathbb{N}$ tal que $n \geq t+1$. Temos que $x^n \geq x^{t+1}$ para todo $x \geq 1$. Como $e^x \geq \frac{x^n}{n!} \geq \frac{x^{t+1}}{n!}$, então $\frac{1}{e^x} \leq \frac{n!}{x^{t+1}}$. Daí,

$$x^{t-1}e^{-x} = \frac{x^{t-1}}{e^x} \leq \frac{n!x^{t-1}}{x^{t+1}} = \frac{n!}{x^2}.$$

Como $\int_1^{+\infty} \frac{n!}{x^2}\,dx$ converge, então $\int_1^{+\infty} x^{t-1}e^{-x}\,dx$ converge, pelo critério da comparação. Isso mostra que $\Gamma(t)$ converge para $t > 0$.

Teorema 3.2.8

A função Gama é uma extensão do fatorial. Mais precisamente,

1. Vale $\Gamma(t+1) = t \cdot \Gamma(t)$ para todo $t > 0$.
2. $\Gamma(n+1) = n!$ para todo $n \in \mathbb{N} \cup \{0\}$.

Demonstração:

1. Observe que $\Gamma(t+1) = \int_0^{+\infty} x^t e^{-x}\,dx = \lim\limits_{b\to+\infty} \int_0^b x^t e^{-x}$. Integrando por partes, fazendo $f(x) = x^t$, então $f'(x) = tx^{t-1}$ e $g(x) = -e^{-x}$, com

$g'(x) = e^{-x}$, temos

$$\int_0^b x^t e^{-x}\,\mathrm{d}x = -x^t e^{-x}\Big|_0^b + \int_0^b t x^{t-1} e^{-x}\,\mathrm{d}x$$
$$= b^t e^{-b} + t \cdot \int_0^b x^{t-1} e^{-x}\,\mathrm{d}x.$$

Tome $n > t + 1$, então, seguindo o procedimento da demonstração do teorema 3.2.7, note que $|b^t e^{-b}| < \frac{n!}{b}$, portanto, pelo Teorema do Confronto, $\lim\limits_{b \to +\infty} |b^t e^{-b}| = 0$ e, daí, $\lim\limits_{b \to +\infty} b^t e^{-b} = 0$. Concluímos que

$$\Gamma(t+1) = \lim_{b \to +\infty} \int_0^b x^t e^{-x}\,\mathrm{d}x = \lim_{b \to +\infty} t \int_0^b x^{t-1} e^{-x}\,\mathrm{d}x = t \cdot \Gamma(t).$$

2. Temos que $\Gamma(1) = \int_0^{+\infty} e^{-x}\,\mathrm{d}x = 1 = 0!$ e, utilizando a propriedade do item 1), temos que $\Gamma(n+1) = n.\Gamma(n)$. Supomos, por indução que $\Gamma(k+1) = k!$, temos que

$$\Gamma(k+2) = (k+1)\Gamma(k+1) = (k+1).k! = (k+1)!$$

e o item 3 está provado.

Teorema 3.2.9

Vale a seguinte igualdade: $\Gamma\left(\frac{1}{2}\right) = 2\int_0^{+\infty} e^{-x^2}\,\mathrm{d}x.$

Demonstração:

Como $\Gamma\left(\frac{1}{2}\right) = \int_0^{+\infty} \frac{e^{-x}}{\sqrt{x}}\,\mathrm{d}x$, fazemos a substituição $u = \sqrt{x}$. Temos que $\mathrm{d}u = \frac{1}{2\sqrt{x}}\,\mathrm{d}x$. Se $x \to 0$, então $u \to 0$ e se $x \to +\infty$, então $u \to +\infty$ e, daí,

$$\Gamma\left(\frac{1}{2}\right) = \int_0^{+\infty} 2e^{-x} \frac{\mathrm{d}x}{2\sqrt{x}} = 2\int_0^{+\infty} e^{-u^2}\,\mathrm{d}u.$$

Aceitando o fato de que $\lim_{x \to +\infty} \operatorname{erf}(x) = 1$, temos que $\Gamma\left(\frac{1}{2}\right) = \sqrt{\pi}$.

Uma outra aplicação de Integral imprópria é a *Transformada de Laplace*. Dado uma função $f : [0, +\infty) \to \mathbb{R}$ contínua e com mais algumas restrições, definimos a *Transformada de Laplace* de f, denotado por $\mathcal{L}(f(t))$ por

$$\mathcal{L}(f(t))(s) = \int_0^{+\infty} e^{-st} f(t)\,\mathrm{d}t.$$

Essa transformada é muito utilizado pela Engenharia para resolver um bom leque de sistemas de equações diferenciais. Para o leitor que gostaria de ver como funciona o procedimento, sugerimos a videoaula Aplicação de Integral Imprópria - Transformada de Laplace.

Exercícios

1. Se $a > 0$, $a \neq 1$ e $x \in (0, +\infty)$, mostre que $\log_a x = \dfrac{\ln x}{\ln a}$.

2. Utilizando o gráfico da função do seno de Fresnel $S(x)$, argumente que o máximo global de $S(x)$ é atingido quando $x = \sqrt{2}$.

3. Mostre que vale a igualdade $\displaystyle\int_0^{\pi} \cos(x \operatorname{sen} \theta)\, \mathrm{d}x = \int_0^{\pi} \cos(x \cos \theta)\, \mathrm{d}x$.

4. Mostre que $\Gamma(t) = \displaystyle\int_0^1 (-\ln x)^{t-1}\, \mathrm{d}x$.

5. Utilizando que $\Gamma\left(\dfrac{1}{2}\right) = \sqrt{\pi}$, encontre o valor de $\Gamma\left(\dfrac{3}{2}\right)$ e $\Gamma\left(\dfrac{7}{2}\right)$.

6. Seja $A : (0, +\infty) \to \mathbb{R}$ função derivável tal que $A(st) = A(s) + A(t)$ para todo $s, t > 0$. Se $A(x)$ não é a função nula, mostre que existe $a > 0$ tal que $A(x) = \log_a x$.

Respostas

Exercício 5

$$\Gamma\left(\frac{3}{2}\right) = \frac{\sqrt{\pi}}{2} \text{ e } \Gamma\left(\frac{7}{2}\right) = \frac{15\sqrt{\pi}}{8}$$

Exercício 6

Dica: Derive em relação à t, encontrando uma nova equação entre s, t e A'. Faça uma escolha adequada para s.

3.3 Frações Parciais

Nesta seção, discutiremos um procedimento algébrico que é conhecida como frações parciais. Costuma-se usar essa técnica para a Transformada de Laplace, que é estudada em cursos de Equações Diferenciais Ordinárias. Por exemplo, é fácil verificar que

$$\frac{1}{(x-1)(x-2)} = \frac{1}{x-2} - \frac{1}{x-1}$$

e, portanto,

$$\int \frac{\mathrm{d}x}{(x-1)(x-2)} = \int \left(\frac{1}{x-2} - \frac{1}{x-1} \right) \mathrm{d}x = \ln|x-1| - \ln|x-2| + C.$$

A questão é que se aparecer uma integral do tipo $\frac{1}{(2x-3)(3x-2)}$, é interessante buscar métodos para *separar* o denominador. Em outras palavras, queremos encontrar $A, B \in \mathbb{R}$ tais que

$$\frac{1}{(2x-3)(3x-2)} = \frac{A}{2x-3} + \frac{B}{3x-2}, \quad \text{para todo } x \neq \frac{2}{3}, \frac{3}{2}.$$

Desenvolvendo a expressão da direita da equação acima, temos que

$$\begin{aligned} \frac{1}{(2x-3)(3x-2)} &= \frac{(3x-2)A + (2x-3)B}{(3x-2)(2x-3)} \\ &= \frac{(3A+2B)x + (-2A-3B)}{(3x-2)(2x-3)}. \end{aligned}$$

Eliminando o denominador, queremos encontrar $A, B \in \mathbb{R}$ tais que

$$(3A+2B)x + (-2A-3B) = 1, \qquad \text{para todo } x \neq \frac{2}{3}, \frac{3}{2}.$$

Para os dois polinômios serem iguais, todos os coeficientes deve ser iguais e, portanto,

$$\begin{cases} 3A + 2B = 0, \\ -2A - 3B = 1. \end{cases}$$

Para quem tiver dificuldades em resolver sistemas lineares, recomendamos as vídeo-aulas Sistema Linear 2x2 e também Fórmula da Inversa de Matriz 2x2. Resolvendo o sistema, temos $A = \frac{2}{5}$ e $B = -\frac{3}{5}$ e, portanto,

$$\frac{1}{(2x-3)(3x-2)} = \frac{2}{5(2x-3)} - \frac{3}{5(3x-2)}.$$

Concluímos que

$$\int \frac{\mathrm{d}x}{(2x-3)(3x-2)} = \int \left(\frac{2}{5(2x-3)} - \frac{3}{5(3x-2)} \right) \mathrm{d}x$$
$$= \frac{\ln|2x-3| - \ln|3x-2|}{5} + C.$$

Para as duas últimas integrais, é necessário fazer a substituição $u = 2x - 3$ e também $v = 3x - 2$, deixamos os detalhes para o leitor.

Para uma introdução do assunto, sugerimos a nossa videoaula Introdução a Frações Parciais. Alem dela, sugerimos a videoaula Frações Parciais - Fazendo as Contas mais Rápidas, que será o tema desta seção. Dividiremos a técnica de frações parciais em 3 casos.

Teorema 3.3.1: Frações Parciais - Caso 1

Sejam $\alpha_1, \ldots, \alpha_n$ números reais distintos entre si e considere os polinômios $Q(x) = (x-\alpha_1)(x-\alpha_2)\cdot \ldots \cdot (x-\alpha_n)$ de grau n e $P(x)$ polinômio com grau$(P) <$ grau(Q), então existem $A_1, \ldots, A_n \in \mathbb{R}$ tais que

$$\frac{P(x)}{(x-\alpha_1)\cdot(x-\alpha_2)\cdot \ldots \cdot (x-\alpha_n)} = \frac{A_1}{x-\alpha_1} + \frac{A_2}{x-\alpha_2} + \ldots + \frac{A_n}{x-\alpha_n}.$$

Mais ainda, temos que

$$A_i = \lim_{x\to\alpha_i} \frac{(x-\alpha_i)P(x)}{Q(x)} \qquad \text{para } i = 1, \cdots, n.$$

Exemplo 3.3.2: Vamos calcular $\int \frac{\mathrm{d}x}{(2x-3)(3x-2)}$. Como o grau do numerador é 0 e o do denominador é 2, podemos aplicar o teorema acima que diz que existem $A, B \in \mathbb{R}$ tais que

$$\frac{1}{(2x-3)(3x-2)} = \frac{A}{3x-2} + \frac{B}{2x-3}.$$

Temos que

$$A = \lim_{x\to\frac{2}{3}} \frac{1}{2x-3} = -\frac{3}{5}, \qquad B = \lim_{x\to\frac{3}{2}} \frac{1}{3x-2} = \frac{2}{5}.$$

Concluímos que

$$\int \frac{\mathrm{d}x}{(2x-3)(3x-2)} = \int \left(\frac{-3}{5(3x-2)} + \frac{2}{5(2x-3)} \right) \mathrm{d}x$$

$$= \frac{-\ln|3x-2| + \ln|2x-3|}{5} + C.$$

Exemplo 3.3.3: Considere $\displaystyle\int \frac{x^2-3x+1}{x(x-1)(x-2)}\,\mathrm{d}x.$

Como $2 = \text{grau}(P)$ e $3 = \text{grau}(Q)$, podemos aplicar o teorema 3.3.1, que diz que existem $A, B, C \in \mathbb{R}$ tais que

$$\frac{x^2-3x+1}{x(x-1)(x-2)} = \frac{A}{x} + \frac{B}{x-1} + \frac{C}{x-2}.$$

Temos que

$$A = \lim_{x\to 0} \frac{x^2-3x+1}{(x-1)(x-2)} = \frac{1}{2},$$

$$B = \lim_{x\to 1} \frac{x^2-3x+1}{x(x-2)} = 1,$$

$$C = \lim_{x\to 2} \frac{x^2-3x+1}{x(x-1)} = -\frac{1}{2}.$$

Daí, temos que

$$\int \frac{x^2-3x+1}{x(x-1)(x-2)}\,\mathrm{d}x = \int \left(\frac{1}{2x} + \frac{1}{x-1} - \frac{1}{2(x-2)} \right) \mathrm{d}x$$

$$= \frac{\ln|x|}{2} + \ln|x-1| - \frac{\ln|x-2|}{2} + C.$$

Não esqueça de checar a hipótese de que $\text{grau}(P) < \text{grau}(Q)$.

Além do caso 1, que trata com raízes reais de multiplicidade 1, temos o segundo caso, que é um pouco mais geral. Sugerimos a nossa videoaula Frações Parciais - Raízes com Multiplicidade

Teorema 3.3.4: Frações Parciais - Caso 2

Sejam $\alpha \in \mathbb{R}$ e $m > 0$ inteiro. Suponha que $Q(x) = (x-\alpha)^m.Q_1(x)$ com $Q_1(\alpha) \neq 0$ e grau$(P) <$ grau(Q), então existem $A_1, \ldots, A_m \in \mathbb{R}$ e um polinômio $P_1(x)$ com grau$(P_1) <$ grau(Q_1) tais que

$$\frac{P(x)}{Q(x)} = \frac{P(x)}{(x-\alpha)^m Q_1(x)} = \frac{A_1}{x-\alpha} + \frac{A_2}{(x-\alpha)^2} + \ldots + \frac{A_m}{(x-\alpha)^m} + \frac{P_1(x)}{Q_1(x)}.$$

Mais ainda, temos que

$$A_m = \lim_{x\to\alpha} \frac{(x-\alpha)^m P(x)}{Q(x)} = \frac{P(\alpha)}{Q_1(\alpha)}.$$

Exemplo 3.3.5: Vamos calcular a integral $\int \frac{2x+3}{(x-1)^2(x-2)}\,dx$. Note que o grau do numerador é 1 e o grau do denominador é 3. Aplicando o teorema 3.3.4, existem $A, B, C \in \mathbb{R}$ tais que

$$\frac{2x+3}{(x-1)^2(x-2)} = \frac{A}{x-1} + \frac{B}{(x-1)^2} + \frac{C}{(x-2)}. \tag{3.1}$$

É possível achar com rapidez os coeficientes de B e C, utilizando a fórmula do limite,

$$B = \lim_{x\to 1} \frac{(x-1)^2(2x+3)}{(x-1)^2(x-2)} = \lim_{x\to 1} \frac{2x+3}{x-2} = -5,$$
$$C = \lim_{x\to 2} \frac{(x-2)(2x+3)}{(x-1)^2(x-2)} = \lim_{x\to 2} \frac{2x+3}{(x-1)^2} = 7.$$

É possível encontrar o valor de A de duas formas. Uma delas é desenvolver o lado direito da equação 3.1 e depois igualar os coeficientes como feito no início da seção

$$\frac{2x+3}{(x-1)^2(x-2)} = \frac{A(x-1)(x-2) - 5(x-2) + 7(x-1)^2}{(x-1)^2(x-2)}.$$

Outra forma é substituir um valor para x na equação 3.1. Tomando $x = 0$, temos

$$-\frac{3}{2} = -A - 5 - \frac{7}{2},$$

Logo $A = -7$. Daí, substituindo os valores na equação 3.1, temos

$$\frac{2x+3}{(x-1)^2(x-2)} = \frac{-7}{x-1} - \frac{5}{(x-1)^2} + \frac{7}{x-2}.$$

Integrando ambos os lados, concluimos que

$$\int \frac{2x+3}{(x-1)^2(x-2)}\,\mathrm{d}x = -7\ln|x-1| + \frac{5}{x-1} + 7\ln|x-2| + C.$$

Teorema 3.3.6: Frações parciais - Caso Raízes Complexas

Seja $Q(x) = (x^2+ax+b)^m \cdot Q_1(x)$ em que x^2+ax+b não admite raiz real e as raízes (complexas) de $Q_1(x)$ são diferentes das raízes de x^2+ax+b. Então existem $A_1, B_1, A_2, B_2, \cdots, A_m, B_m \in \mathbb{R}$ e um polinômio $P_1(x)$ com $\text{grau}(P_1) < \text{grau}(Q_1)$ tais que

$$\frac{P(x)}{Q(x)} = \frac{A_1x+B_1}{x^2+ax+b} + \frac{A_2x+B_2}{(x^2+ax+b)^2} + \ldots + \frac{A_mx+B_m}{(x^2+ax+b)^m} + \frac{P_1(x)}{Q_1(x)}.$$

Recomendamos a videoaula Frações Parciais - Caso Raízes Complexas não-Reais e para entender as contas do próximo exemplo, sugerimos que assista ao último exemplo da videoaula Fazendo Substituição Linear para Resolver Integrais.

Exemplo 3.3.7: Vamos calcular $\displaystyle\int \frac{\mathrm{d}x}{x(x^2-4x+8)}$. Pelo teorema 3.3.6, temos que

$$\frac{1}{x(x^2-4x+8)} = \frac{A}{x} + \frac{Bx+C}{x^2-4x+8},$$

em que $A = \lim_{x\to 0} \frac{x}{x(x^2-4x+8)} = \frac{1}{8}$. Daí, temos

$$\frac{Bx+C}{x^2-4x+8} = \frac{1}{x(x^2-4x+8)} - \frac{1}{8x} = \frac{8-(x^2-4x+8)}{8x(x^2-4x+8)}$$

$$= \frac{-x^2+4x}{8x(x^2-4x+8)} = \frac{-x+4}{8(x^2-4x+8)}.$$

Eliminando o denominador, temos que $8Bx + 8C = -x + 4$. Logo,

$B = -\frac{1}{8}$ e $C = \frac{4}{8}$. Temos, portanto, que

$$\frac{1}{x(x^2-4x+8)} = \frac{1}{8}\left(\frac{1}{x} + \frac{-x+4}{x^2-4x+8}\right).$$

Daí,

$$\int \frac{dx}{x(x^2-4x+8)} = \frac{1}{8}\left(\int \frac{dx}{x} + \int \frac{-x+4}{x^2-4x+8}\,dx\right)$$

$$= \frac{1}{8}\left(\ln|x| + \int \frac{-x+4}{x^2-4x+8}\,dx\right).$$

Para a última integral, observe que o vértice da parábola é o ponto $(2,4)$ e, façamos a substituição $u = x-2$ e $du = dx$. Temos que

$$\int \frac{-x+4}{x^2-4x+8}\,dx = \int \frac{-u+2}{u^2+4}\,du = \int -\frac{u\,du}{u^2+4} + \int \frac{2\,du}{u^2+4}.$$

Para a primeira integral, fazemos a substituição $y = u^2+4$ e $dy = 2u\,du$. Daí,

$$\int -\frac{u\,du}{u^2+4} = -\int \frac{dy}{2y} = -\frac{\ln|y|}{2} + C_1 = -\frac{\ln(u^2+4)}{2} + C_1.$$

A segunda integral é resolvida via a substituição $u = 2y$ e $du = 2\,dy$. Temos que

$$\int \frac{2\,du}{u^2+4} = \int \frac{4\,dy}{4y^2+4} = \int \frac{dy}{y^2+1}$$

$$= \operatorname{arctg} y + C_2 = \operatorname{arctg}\left(\frac{u}{2}\right) + C_2.$$

Lembrando que $u = x-2$, temos, finalmente, que

$$\int \frac{dx}{x(x^2-4x+8)} = \frac{1}{8}\left[\ln|x| - \frac{\ln\left(x^2-4x+8\right)}{2} + \operatorname{arctg}\left(\frac{x-2}{2}\right)\right] + C.$$

O caso $\frac{Ax+B}{(x^2+ax+b)^m}$ para $m \neq 1$ é ainda mais complicado, mas é possível resolver com uma fórmula de recorrência ou também via substituição trigonométrica que será um dos temas da seção 3.4. A fórmula e os passos da fórmula serão deixados como exercício desta seção.

O último caso que falta é quando o grau do numerador é maior que o grau do denominador.

Teorema 3.3.8: Frações Parciais - Caso 4

Se grau$(P) \geq$ grau(Q), então existem polinômios $S(x)$ e $r(x)$, com grau$(r) <$ grau(Q) tais que

$$\frac{P(x)}{Q(x)} = S(x) + \frac{r(x)}{Q(x)}.$$

Apesar de o livro ter relatado como teorema, é apenas uma consequência direta da divisão Euclidiana para polinômios. Recomendamos a videoaula [Revisão] - Divisão de Polinômios para lembrarmos como fazemos a divisão e também a nossa videoaula Frações Parciais - Caso grau do Numerador é maior ou igual ao do Denominador.

O algoritmo de divisão diz que é possível encontrar, de forma única, polinômios $S(x)$ e $r(x)$ com grau$(r) <$ grau(Q) tais que

$$P(x) = S(x)Q(x) + r(x).$$

Chamamos de $r(x)$ de resto da divisão. Dividimos a equação acima por $Q(x)$, temos que

$$\frac{P(x)}{Q(x)} = \frac{S(x)Q(x) + r(x)}{Q(x)} = S(x) + \frac{r(x)}{Q(x)}.$$

Vamos aplicar o procedimento acima em um exemplo.

Exemplo 3.3.9: Vamos calcular $\displaystyle\int \frac{x^3}{(x-1)(x-2)}\,\mathrm{d}x$. Utilizando o algoritmo de divisão entre x^3 e $x^2 - 3x + 2$, temos que

$$x^3 = (x+3)(x^2 - 3x + 2) + (7x - 6).$$

Logo $\dfrac{x^3}{x^2 - 3x + 2} = x+3+\dfrac{7x-6}{x^2 - 3x + 2}$. Utilizando a técnica de frações parciais, temos

$$\frac{7x-6}{x^2 - 3x + 2} = \frac{7x-6}{(x-1)(x-2)} = \frac{A}{x-1} + \frac{B}{x-2},$$

em que $A = \lim_{x \to 1} \frac{7x-6}{x-2} = -1$ e $B = \lim_{x \to 2} \frac{7x-6}{x-1} = 8$ e, portanto,

$$\begin{aligned}\int \frac{x^3}{(x-1)(x-2)}\,\mathrm{d}x &= \int (x+3)\,\mathrm{d}x + \int \left(\frac{-1}{x-1} + \frac{8}{x-2}\right)\mathrm{d}x \\ &= \frac{x^2}{2} + 3x - \ln|x-1| + 8\ln|x-2| + C.\end{aligned}$$

Para o leitor interessado, a demonstração desses resultados de frações parciais se encontram na videoaula Demonstração das Frações Parciais. A demonstração é bem algébrica, mas usa apenas o algoritmo de divisão de polinômios. Faremos uma demonstração alternativa na seção 3.5.

Exercícios

1. Calcule as integrais.

a) $\displaystyle\int \frac{\mathrm{d}x}{x^2 - x}$

b) $\displaystyle\int \frac{x}{x^2 - 5x + 6}\,\mathrm{d}x$

c) $\displaystyle\int \frac{x^2 - 3x + 1}{x^3 - x}\,\mathrm{d}x$

d) $\displaystyle\int \frac{1}{x^3 - x^2}\,\mathrm{d}x$

e) $\displaystyle\int \frac{1}{x^3(x-1)}\,\mathrm{d}x$

f) $\displaystyle\int \frac{1}{x^2(x-1)^2}\,\mathrm{d}x$

g) $\displaystyle\int \frac{1}{x(x-1)^2(x-2)^2}\,\mathrm{d}x$

h) $\displaystyle\int \frac{4x}{(x+1)(x^2+1)}\,\mathrm{d}x$

i) $\displaystyle\int \frac{4x}{(x+1)^2(x^2+1)}\,\mathrm{d}x$

j) $\displaystyle\int \frac{2x+3}{x^4 + x^2}\,\mathrm{d}x$

k) $\displaystyle\int \frac{x}{(x+1)(x^2+4)}\,\mathrm{d}x$

l) $\displaystyle\int \frac{x}{(x+1)(x^2-4x+5)}\,\mathrm{d}x$

m) $\displaystyle\int \frac{1}{(x^2+1)(x^2-4x+5)}\,\mathrm{d}x$

n) $\displaystyle\int \frac{x^3}{(x-1)(x+3)}\,\mathrm{d}x$

o) $\displaystyle\int \frac{x^4+1}{x(x^2+1)}\,\mathrm{d}x$

p) $\displaystyle\int \frac{x^4+1}{x^4+x^2}\,\mathrm{d}x$

2. O objetivo deste exercício é deduzir fórmulas para integrarmos funções da forma $\displaystyle\int \frac{Ax+B}{(x^2+bx+c)^m}\,\mathrm{d}x$ para $m \geq 2$ em que $\Delta = b^2 - 4c < 0$.

   a) Fazendo uma substituição linear, como no exemplo 3.3.7, transforme a integral $\displaystyle\int \frac{Ax+B}{(x^2+ax+b)^m}\,\mathrm{d}x$ em $\displaystyle\int \frac{Eu+F}{(u^2+1)^m}\,\mathrm{d}u$, com $E, F \in \mathbb{R}$.

   b) Com uma substituição simples, resolva a integral $\displaystyle\int \frac{x}{(x^2+1)^m}\,\mathrm{d}x$.

   c) Considere $\displaystyle\frac{1}{(x^2+1)^m} = \frac{(1+x^2)-x^2}{(x^2+1)^m} = \frac{1}{(x^2+1)^{m-1}} - \frac{x^2}{(x^2+1)^m}$.

   Integre $\displaystyle\int \frac{x^2\,\mathrm{d}x}{(x^2+1)^m}$ por partes, em que $f(x) = x$ e $g'(x) = \dfrac{x}{(x^2+1)^m}$.

Se $I_m = \int \frac{dx}{(x^2+1)^m}$, conclua a fórmula de recorrência

$$I_m = \frac{x}{2(m-1)(x^2+1)^{m-1}} + \frac{2m-3}{2m-2} \cdot I_{m-1}.$$

3. Integre as funções abaixo.

a) $\int \frac{x+1}{(x^2+1)^3}\, dx$ b) $\int \frac{1}{(x-1)(x^2-2x+5)^2}\, dx$

Respostas

Exercício 1

a) $\ln|x-1| - \ln|x| + C$

b) $3\ln|x-3| - 2\ln|x-2| + C$

c) $\frac{5\ln|x+1|}{2} - \frac{\ln|x-1|}{2} - \ln|x| + C$

d) $\ln|x-1| - \ln|x| + \frac{1}{x} + C$

e) $\ln|x-1| - \ln|x| + \frac{1}{x} + \frac{1}{2x^2} + C$

f) $2\ln|x| - 2\ln|x-1| - \frac{1}{x} - \frac{1}{x-1} + C$

g) $\frac{\ln|x|}{4} + \ln|x-1| - \frac{5\ln|x-2|}{4} - \frac{1}{x-1} - \frac{1}{2(x-2)} + C$

h) $-2\ln(x+1) + \ln(x^2+1) + 2\,\text{arctg}\, x + C$

i) $\frac{2}{x+1} + 2\,\text{arctg}(x) + C$

j) $-\ln(x^2+1) + 2\ln|x| - \frac{3}{x} - 3\,\text{arctg}(x) + C$

k) $\frac{\ln(x^2+4)}{10} - \frac{\ln|x+1|}{5} + \frac{2}{5}\text{arctg}\left(\frac{x}{2}\right) + C$

l) $\frac{1}{20}\left[\ln(x^2-4x+5) - 2\ln|x+1| + 14\,\text{arctg}(x-2)\right] + C$

m) $\dfrac{\ln(x^2+1)-\ln(x^2-4x+5)}{16}+\dfrac{\operatorname{arctg} x+\operatorname{arctg}(x-2)}{8}+C$

n) $\dfrac{x^2-4x}{2}+\dfrac{\ln|x-1|+27\ln|x+3|}{4}+C$

o) $\dfrac{x^2}{2}-\ln(x^2+1)+\ln|x|+C$

p) $x-\dfrac{1}{x}-2\operatorname{arctg}(x)+C$

Exercício 3

a) $\dfrac{3x^3+5x-2}{8(x^2+1)^2}+\dfrac{3\operatorname{arctg} x}{8}+C$

b) $\dfrac{1}{8(x^2-2x+5)}+\dfrac{\ln|x-1|}{16}-\dfrac{\ln(x^2-2x+5)}{32}+C$

3.4 Substituições Especiais e Funções Hiperbólicas

Para encontrarmos a área do círculo de raio R, utilizando integrais, devemos resolver uma integral da forma $\int \sqrt{R^2 - x^2}\,\mathrm{d}x$. É uma integral razoavelmente mais complicada e, para resolvermos, é importante utilizarmos a substituição $x = R\operatorname{sen}\theta$ e, portanto, $\mathrm{d}x = R\cos\theta\,\mathrm{d}\theta$ e vemos a *mágica*

$$\sqrt{R^2 - x^2} = \sqrt{R^2 - R^2\operatorname{sen}^2\theta} = R\sqrt{1-\operatorname{sen}^2\theta} = R|\cos\theta|.$$

Além disso, se θ varia de $-\frac{\pi}{2}$ até $\frac{\pi}{2}$, então x varia de $-R$ até R, que é o domínio da função $\sqrt{R^2 - x^2}$. Como $\cos\theta \geq 0$, temos $|\cos\theta| = \cos\theta$. Em resumo, temos que

$$\int \sqrt{R^2 - x^2}\,\mathrm{d}x = \int R\cos\theta \cdot (R\cos\theta)\,\mathrm{d}\theta = \int R^2\cos^2\theta\,\mathrm{d}\theta.$$

Temos uma pequena sutileza no processo acima, por exemplo, se, por algum motivo, desejamos calcular $\int x\sqrt{R^2 - x^2}\,\mathrm{d}x$, faríamos a substituição $u = R^2 - x^2$ e, portanto, $\mathrm{d}u = -2x\,\mathrm{d}x$. Daí,

$$\int x\sqrt{R^2 - x^2}\,\mathrm{d}x = \int -\frac{\sqrt{u}}{2}\,\mathrm{d}u.$$

Note a diferença da substituição $u = R^2 - x^2$ $(u = u(x))$ e $x = R\operatorname{sen}\theta$ $(x = x(\theta))$. Em geral, é possível fazer uma substituição da forma $x = g(t)$, desde que g seja uma função bijetiva e faremos a *substituição inversa*

$$\int f(x)\,\mathrm{d}x = \int f(g(t))g'(t)\,\mathrm{d}t.$$

Nesta seção, trataremos de três substituições especiais: a substituição trigonométrica, a substituição universal e a substituição hiperbólica.

Para a substituição trigonométrica, devemos escolher uma das três substituições: $x = \operatorname{sen}\theta$, $x = \operatorname{tg}\theta$ e $x = \sec\theta$. A escolha depende da expressão do integrando e exige um tempo de atenção do estudante. Além disso, devemos escolher intervalos de θ de modo que a substituição acima seja bijetiva.

Sugerimos que assista à videoaula Introdução à Substituição Trigonométrica.

Expressão	Id. trigonométrica	Substituição
$R^2 - x^2$	$\cos^2\theta = 1 - \operatorname{sen}^2\theta$	$x = R\operatorname{sen}\theta, -\frac{\pi}{2} \leq x \leq \frac{\pi}{2}$
$R^2 + x^2$	$\sec^2\theta = 1 + \operatorname{tg}^2\theta$	$x = R\operatorname{tg}\theta, -\frac{\pi}{2} < x < \frac{\pi}{2}$
$x^2 - R^2$	$\operatorname{tg}^2\theta = \sec^2\theta - 1$	$x = R\sec\theta, 0 \leq \theta < \frac{\pi}{2}$ ou $\pi \leq \theta < \frac{3\pi}{2}$

Exemplo 3.4.1: Vamos calcular a primitiva imediata $\displaystyle\int \frac{1}{1+x^2}\,\mathrm{d}x$ utilizando a substituição trigonométrica. Para tanto, considere $x = \operatorname{tg}\theta$ e $\mathrm{d}x = \sec^2\theta\,\mathrm{d}\theta$. Daí,

$$\int \frac{\mathrm{d}x}{1+x^2} = \int \frac{\sec^2\theta\,\mathrm{d}\theta}{1+\operatorname{tg}^2\theta} = \int \frac{\sec^2\theta\,\mathrm{d}\theta}{\sec^2\theta} = \int \mathrm{d}\theta = \theta + C.$$

Como $x = \operatorname{tg}\theta$, temos que $\theta = \operatorname{arctg} x$ e, portanto,

$$\int \frac{\mathrm{d}x}{1+x^2} = \operatorname{arctg} x + C.$$

A escolha dos intervalos de θ em cada uma das substituições acima é para sumir o módulo na raiz quadrada. Por exemplo,

$$\sqrt{1+\operatorname{tg}^2\theta} = \sqrt{\sec^2\theta} = \sec\theta,$$

a última igualdade se deve ao fato de $\sec\theta > 0$ para todo $\theta \in \left(-\frac{\pi}{2}, \frac{\pi}{2}\right)$. Vamos ao exemplo do início da seção.

Exemplo 3.4.2: Para calcular $\displaystyle\int \sqrt{R^2 - x^2}\,\mathrm{d}x$, façamos $x = R\operatorname{sen}\theta$ e, portanto, $\mathrm{d}x = R\cos\theta\,\mathrm{d}\theta$ e daí,

$$\begin{aligned}\int \sqrt{R^2-x^2}\,\mathrm{d}x = \int R^2\cos^2\theta\,\mathrm{d}\theta &= R^2 \int \left(\frac{\cos 2\theta + 1}{2}\right)\mathrm{d}\theta \\ &= R^2\left(\frac{\operatorname{sen} 2\theta}{4} + \frac{\theta}{2}\right) + C \\ &= R^2\left(\frac{\operatorname{sen}(2\operatorname{arcsen} x)}{4} + \frac{\operatorname{arcsen} x}{2}\right) + C.\end{aligned}$$

É possível melhorar a expressão $\operatorname{sen}(2\operatorname{arcsen} x) = \operatorname{sen} 2\theta$. Observe que $\operatorname{sen} 2\theta = 2\operatorname{sen}\theta\cos\theta$ e que $\cos\theta = \sqrt{1-\operatorname{sen}^2\theta} = \sqrt{1-x^2}$, pois $\cos\theta \geq 0$. Logo, $\operatorname{sen} 2\theta = 2x\sqrt{1-x^2}$ e, portanto,

$$\int \sqrt{R^2-x^2}\,\mathrm{d}x = \frac{R^2\left(x\sqrt{1-x^2}+\operatorname{arcsen} x\right)}{2} + C.$$

Para encontrarmos a inversa, utilizamos o artifício de desenhar um triângulo auxiliar. Por exemplo, se $x = \operatorname{tg}\theta$, então olhando o triângulo auxiliar do meio da figura 3.4, então $\cos\theta = \dfrac{1}{\sqrt{1+x^2}}$. Para ajudar na lógica da construção de cada um dos triângulos, sugerimos a videoaula Substituição Trigonométrica - O Triângulo Auxiliar.

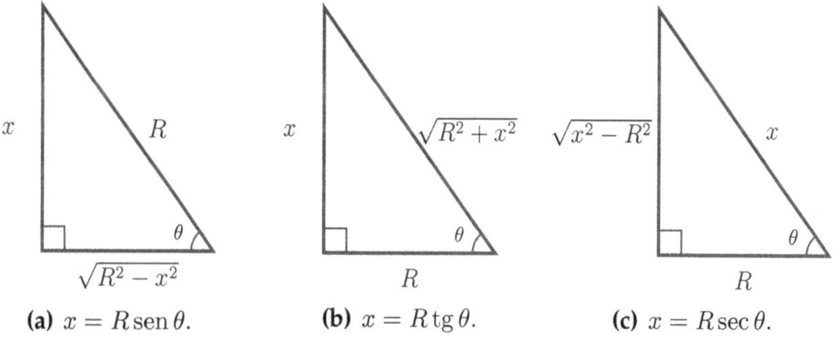

(a) $x = R\operatorname{sen}\theta$. (b) $x = R\operatorname{tg}\theta$. (c) $x = R\sec\theta$.

Figura 3.4: O triângulo auxiliar para cada uma das substituições.

Exemplo 3.4.3: Vamos calcular $\displaystyle\int \frac{1}{x^2\sqrt{4+x^2}}\,\mathrm{d}x$. Para tanto, faremos a substituição trigonométrica $x = 2\operatorname{tg}\theta$ e, portanto, $\mathrm{d}x = 2\sec^2\theta\,\mathrm{d}\theta$. Daí,

$$\begin{aligned}\int \frac{1}{x^2\sqrt{4+x^2}}\,\mathrm{d}x &= \int \frac{1}{4\operatorname{tg}^2\theta\sqrt{4+4\operatorname{tg}^2\theta}}\cdot(2\sec^2\theta)\,\mathrm{d}\theta\\ &= \int \frac{\sec^2\theta}{4\operatorname{tg}^2\theta\sec\theta}\,\mathrm{d}\theta = \int \frac{\sec\theta}{4\operatorname{tg}^2\theta}\,\mathrm{d}\theta = \int \frac{\cos\theta}{4\operatorname{sen}^2\theta}\,\mathrm{d}\theta.\end{aligned}$$

Fazendo a substituição $u = \operatorname{sen}\theta$, temos que

$$\int \frac{\cos\theta}{4\operatorname{sen}^2\theta}\,\mathrm{d}\theta = \int \frac{\mathrm{d}u}{4u^2} = -\frac{1}{4u} + C = -\frac{1}{4\operatorname{sen}\theta} + C.$$

Utilizando o triângulo auxiliar, temos que $\operatorname{sen}\theta = \dfrac{x}{\sqrt{4+x^2}}$ e, portanto,

$$\int \frac{\mathrm{d}x}{x^2\sqrt{4+x^2}} = -\frac{\sqrt{4+x^2}}{4x} + C.$$

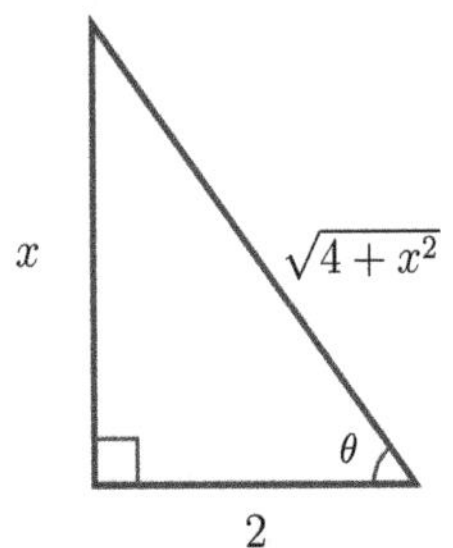

Para mais exemplos, sugerimos a videoaula Exemplos com Substituição Trigonométricas não tão Diretas. Algumas vezes é necessário completar quadrado e sugerimos a nossa videoaula Substituição Trigonométrica - Completamento de Quadrados. Façamos um exemplo para entendermos o procedimento.

Exemplo 3.4.4: Vamos calcular $\int \sqrt{x^2 - 6x + 8}\,\mathrm{d}x$. O vértice da parábola se encontra no ponto $(3, -1)$ e, portanto, considere a substituição $u = x - 3$ e $\mathrm{d}u = \mathrm{d}x$ e, portanto,

$$\int \sqrt{x^2 - 6x + 8}\,\mathrm{d}x = \int \sqrt{u^2 - 1}\,\mathrm{d}u.$$

Fazendo a substituição $u = \sec\theta$, temos que $\mathrm{d}u = \sec\theta\,\mathrm{tg}\,\theta\,\mathrm{d}\theta$ e, daí,

$$\int \sqrt{u^2-1}\,\mathrm{d}u = \int \mathrm{tg}\,\theta \cdot \mathrm{tg}\,\theta \sec\theta\,\mathrm{d}\theta = \int \mathrm{tg}^2\,\theta \sec\theta\,\mathrm{d}\theta$$

Utilizando a igualdade $\mathrm{tg}^2\,\theta = \sec^2\theta - 1$ e a fórmula encontrada para $\int \sec^3 x\,\mathrm{d}x$ no exemplo 2.6.7, temos que

$$\begin{aligned}\int \sec\theta\,\mathrm{tg}^2\,\theta\,\mathrm{d}\theta &= \int (\sec^3\theta - \sec\theta)\,\mathrm{d}\theta = \int \sec^3\theta\,\mathrm{d}\theta - \int \sec\theta\,\mathrm{d}\theta \\ &= \frac{\sec\theta\cdot\mathrm{tg}\,\theta}{2} + \frac{1}{2}\int \sec\theta\,\mathrm{d}\theta - \int \sec\theta\,\mathrm{d}\theta \\ &= \frac{\sec\theta\cdot\mathrm{tg}\,\theta}{2} - \frac{\ln|\sec\theta + \mathrm{tg}\,\theta|}{2} + C.\end{aligned}$$

Passando para a variável u e utilizando o triângulo auxiliar, temos que

$$\int \sqrt{u^2-1}\,\mathrm{d}u = \frac{\sec\theta\cdot\operatorname{tg}\theta}{2} - \frac{\ln|\sec\theta+\operatorname{tg}\theta|}{2} + C$$

$$= \frac{u\sqrt{u^2-1}}{2} - \frac{\ln|u+\sqrt{u^2-1}|}{2} + C.$$

Lembrando que $u = x-3$, temos, finalmente que

$$\int\sqrt{x^2-6x+8}\,\mathrm{d}x = \frac{(x-3)\sqrt{x^2-6x+8}}{2} - \frac{\ln\left|x-3+\sqrt{x^2-6x+8}\right|}{2} + C.$$

Em geral, a substituição trigonométrica transforma frações de polinômios em integrais trigonométricas. O interessante que também é possível transformar integrais trigonométricas em frações de polinômios. Por exemplo, supomos que desejamos integrar $\displaystyle\int \frac{\operatorname{sen} x}{3\cos x + 4\operatorname{sen} x}\,\mathrm{d}x$. Um método, bastante engenhoso, descoberto por Weierstrass é fazer a substituição $u = \operatorname{tg}\left(\frac{x}{2}\right)$.

A ideia é notar que

$$\cos x = \cos^2\left(\frac{x}{2}\right) - \operatorname{sen}^2\left(\frac{x}{2}\right) = \cos^2\left(\frac{x}{2}\right)\left(1-\operatorname{tg}^2\left(\frac{x}{2}\right)\right)$$

$$= \frac{1-\operatorname{tg}^2\left(\frac{x}{2}\right)}{\sec^2\left(\frac{x}{2}\right)} = \frac{1-\operatorname{tg}^2\left(\frac{x}{2}\right)}{1+\operatorname{tg}^2\left(\frac{x}{2}\right)} = \frac{1-u^2}{1+u^2}.$$

Analogamente, temos que

$$\operatorname{sen} x = 2\operatorname{sen}\left(\frac{x}{2}\right)\cos\left(\frac{x}{2}\right) = 2\operatorname{tg}\left(\frac{x}{2}\right)\cos^2\left(\frac{x}{2}\right) = \frac{2\operatorname{tg}\left(\frac{x}{2}\right)}{\sec^2\left(\frac{x}{2}\right)} = \frac{2u}{1+u^2}.$$

Além disso, note que

$$\mathrm{d}u = \frac{\sec^2\left(\frac{x}{2}\right)}{2}\,\mathrm{d}x = \frac{1+u^2}{2}\,\mathrm{d}x \Rightarrow \mathrm{d}x = \frac{2\,\mathrm{d}u}{1+u^2}.$$

A substituição $u = \operatorname{tg}\left(\frac{x}{2}\right)$ é também conhecida como *substituição universal*.

Exemplo 3.4.5: Vamos calcular $\displaystyle\int \frac{2}{2-\cos x + 2\operatorname{sen} x}\,\mathrm{d}x$. Para isso, usaremos a substituição $u = \operatorname{tg}\left(\frac{x}{2}\right)$. Temos que

$$\begin{aligned}
\int \frac{1}{2-\cos x+2\operatorname{sen} x}\mathrm{d}x &= \int \frac{1}{2-\dfrac{1-u^2}{u^2+1}+2\cdot\dfrac{2u}{u^2+1}}\cdot\frac{2\mathrm{d}u}{u^2+1} \\
&= \int \frac{2\,\mathrm{d}u}{2u^2+2-1+u^2+4u} \\
&= \int \frac{2\,\mathrm{d}u}{3u^2+4u+1} \\
&= \int \frac{2\,\mathrm{d}u}{(3u+1)(u+1)} \\
&= \int \left(\frac{3}{3u+1}-\frac{1}{u+1}\right)\mathrm{d}u \quad \text{(por frações parciais)} \\
&= \ln|3u+1| - \ln|u+1| + C \\
&= \ln\left|3\operatorname{tg}\left(\frac{x}{2}\right)+1\right| - \ln\left|\operatorname{tg}\left(\frac{x}{2}\right)+1\right| + C.
\end{aligned}$$

A última substituição especial que pretendemos falar nesta seção é a que chamamos substituição hiperbólica. A ideia dessa substituição é transformar frações de polinômios em funções exponenciais e, de certa forma, imita bastante as integrações de funções trigonométricas.

Sugerimos a videoaula Funções Hiperbólicas - Por que o Nome Hiperbólicas? para o leitor interessado na nomenclatura de funções hiperbólicas.

Definição 3.4.6: Funções Hiperbólicas

As funções seno hiperbólico, cosseno hiperbólico, tangente hiperbólico e secante hiperbólico são definidas por

$$\operatorname{senh} x = \frac{e^x - e^{-x}}{2}, \qquad \tanh x = \frac{\operatorname{senh} x}{\cosh x} = \frac{e^x - e^{-x}}{e^x + e^{-x}},$$

$$\cosh x = \frac{e^x + e^{-x}}{2}, \qquad \operatorname{sech} x = \frac{1}{\cosh x} = \frac{2}{e^x + e^{-x}}.$$

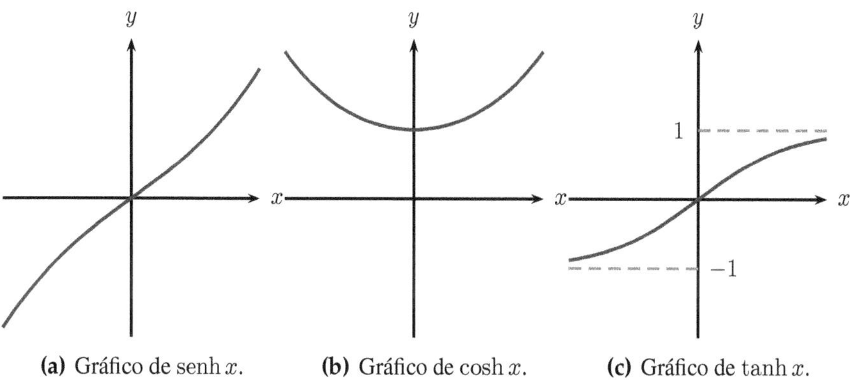

(a) Gráfico de $\operatorname{senh} x$. (b) Gráfico de $\cosh x$. (c) Gráfico de $\tanh x$.

Figura 3.5: Gráficos de algumas funções hiperbólicas.

As fórmulas algébricas das funções hiperbólicas são bem parecidas com as fórmulas das funções trigonométricas. Vamos citar algumas delas.

Teorema 3.4.7: Identidades de Funções Hiperbólicas

Valem as seguintes identidades.

- $\cosh x + \operatorname{senh} x = e^x$,
- $\cosh x - \operatorname{senh} x = e^{-x}$,
- $\cosh^2 x - \operatorname{senh}^2 x = 1$,
- $\operatorname{sech}^2 x = 1 - \tanh^2 x$,
- $(\operatorname{senh} x)' = \cosh x$,
- $(\cosh x)' = \operatorname{senh} x$,
- $(\tanh x)' = \operatorname{sech}^2 x$,
- $(\operatorname{sech} x)' = -\operatorname{sech} x \cdot \tanh x$,
- $\operatorname{senh}(x+y) = \operatorname{senh} x \cdot \cosh y + \operatorname{senh} y \cdot \cosh x$,
- $\cosh(x+y) = \cosh x \cdot \cosh y + \operatorname{senh} x \cdot \operatorname{senh} y$.

Demonstração:

Faremos apenas a demonstração que $(\operatorname{sech} x)' = -\operatorname{sech} x \cdot \tanh x$ e o restante será deixado como como exercício para o leitor.

Como $\operatorname{sech} x = \dfrac{1}{\cosh x}$ e $(\cosh x)' = \operatorname{senh} x$, temos, pela regra da cadeia, que

$$(\operatorname{sech} x)' = -\frac{(\cosh x)'}{(\cosh x)^2} = -\frac{1}{\cosh x} \cdot \frac{\operatorname{senh} x}{\cosh x} = -\tanh x \cdot \operatorname{sech} x.$$

Exemplo 3.4.8: Vamos calcular $\int \tanh x \, \mathrm{d}x$. A resolução é bem parecida com a de $\int \tan x \, \mathrm{d}x$ do exemplo 2.4.9. Basta fazer $u = \cosh x$ e, portanto, $\mathrm{d}u = \operatorname{senh} x \, \mathrm{d}x$, daí,

$$\int \tanh x \, \mathrm{d}x = \int \frac{\operatorname{senh} x}{\cosh x} \, \mathrm{d}x = \int \frac{\mathrm{d}u}{u} = \ln |u| + C$$

$$= \ln |\cosh x| + C = \ln(\cosh x) + C.$$

$$(\text{ pois } \cosh x \geq 0, \ \forall x \in \mathbb{R}.)$$

Como a função $\cosh : [0, +\infty) \to [1, +\infty)$ é bijetora, então possui inversa, que denotamos por $\operatorname{arccosh} x$. Vamos organizar em uma definição.

Definição 3.4.9: Funções Hiperbólicas Inversas

- Definimos $\operatorname{arcsenh} : \mathbb{R} \to \mathbb{R}$ como a inversa de $\operatorname{senh} x$.
- Definimos $\operatorname{arccosh} : [1, +\infty) \to [0, +\infty)$ como a inversa de $\cosh x$.
- Definimos $\operatorname{arctanh} : (-1, 1) \to \mathbb{R}$ como a inversa de $\tanh x$.

Temos expressões fechadas das funções arco hiperbólicas.

Teorema 3.4.10: Funções Hiperbólicas Inversas

Valem as seguintes igualdades

$$\operatorname{arcsenh} x = \ln(x + \sqrt{x^2 + 1}),$$

$$\operatorname{arccosh} x = \ln(x + \sqrt{x^2 - 1}),$$

$$\operatorname{arctanh} x = \frac{1}{2} \cdot \ln \left(\frac{1 + x}{1 - x} \right).$$

Demonstração:

Vamos provar apenas a fórmula do $\operatorname{arcsenh} x$ e deixamos o restante como exercício.

Seja $y = \operatorname{arcsenh} x$, então $x = \operatorname{senh} y = \dfrac{e^y - e^{-y}}{2}$. Daí,

$$e^y - 2x - e^{-y} = 0.$$

Multiplicando a expressão por e^y, temos que

$$e^{2y} - 2xe^y - 1 = 0.$$

Façamos $u = e^y$, temos, portanto, a equação quadrática

$$u^2 - 2xu - 1 = 0.$$

Daí, pela fórmula quadrática, temos

$$e^y = u = \frac{2x \pm \sqrt{4x^2 + 4}}{2} = x \pm \sqrt{x^2 + 1}.$$

Como $x - \sqrt{x^2 + 1} < 0$ e $e^y > 0$, concluímos que

$$e^y = x + \sqrt{x^2 + 1}.$$

Aplicando o logaritmo natural na equação acima, obtemos

$$y = \ln e^y = \ln\left(x + \sqrt{x^2 + 1}\right).$$

Todas as integrais resolvíveis via substituição trigonométrica podem ser resolvidas via substituição por funções hiperbólicas.

Exemplo 3.4.11: A integral $\displaystyle\int \frac{\mathrm{d}x}{\sqrt{1 + x^2}}$ pode ser resolvida via substituição $x = \operatorname{tg}\theta$, $\mathrm{d}x = \sec^2\theta\,\mathrm{d}\theta$ e também, $\sec\theta = \sqrt{1 + x^2}$. Daí,

$$\begin{aligned}\int \frac{1}{\sqrt{1 + x^2}}\,\mathrm{d}x = \int \frac{\sec^2\theta\,\mathrm{d}\theta}{\sec\theta} &= \int \sec\theta\,\mathrm{d}\theta \\ &= \ln|\sec\theta + \tan\theta| + C \\ &= \ln\left(x + \sqrt{1 + x^2}\right) + C.\end{aligned}$$

Outra forma é utilizando $x = \operatorname{senh} u$ e, portanto, $\mathrm{d}x = \cosh u\,\mathrm{d}u$ e, lembrando que $\cosh u = \sqrt{1 + \operatorname{senh}^2 u}$, temos

$$\begin{aligned}\int \frac{1}{\sqrt{1 + x^2}}\,\mathrm{d}x = \int \frac{\cosh u\ \mathrm{d}u}{\cosh u} &= u + C \\ &= \operatorname{arcsenh} x + C \\ &= \ln\left(x + \sqrt{1 + x^2}\right) + C.\end{aligned}$$

Exemplo 3.4.12: Considere a integral $\int \sqrt{x^2-1}\,\mathrm{d}x$ em que $x \geq 1$.

Com a substituição trigonométrica, vimos a sua resolução no exemplo 3.4.4, após mudar para a variável u. Temos que

$$\begin{aligned}\int \sqrt{x^2-1}\,\mathrm{d}x &= \frac{x}{2}\sqrt{x^2-1} - \frac{1}{2}\ln|x+\sqrt{x^2-1}| + C\\ &= \frac{x}{2}\sqrt{x^2-1} - \frac{1}{2}\ln\left(x+\sqrt{x^2-1}\right) + C. \quad (\text{pois } x \geq 1)\end{aligned}$$

Usando as identidades das funções hiperbólicas, façamos $x = \cosh u$, $u \geq 0$, então $\mathrm{d}x = \operatorname{senh} u\,\mathrm{d}u$ e, como $\sqrt{x^2-1} = \operatorname{senh} u$, temos

$$\begin{aligned}\int \sqrt{x^2-1}\,\mathrm{d}x &= \int \operatorname{senh}^2 u\,\mathrm{d}u = \int \left(\frac{e^u - e^{-u}}{2}\right)^2 \mathrm{d}u\\ &= \frac{1}{4}\int (e^{2u} - 2 + e^{-2u})\,\mathrm{d}u = \frac{1}{8}(e^{2u} - 4u - e^{-2u}) + C.\end{aligned}$$

Como $\cosh u + \operatorname{senh} u = e^u$ e $\cosh u - \operatorname{senh} u = e^{-u}$, temos que

$$\begin{aligned}\frac{1}{8}(e^{2u} - 4u - e^{-2u}) &= \frac{1}{8}\left((\operatorname{senh} u + \cosh u)^2 - 4u - (\cosh u - \operatorname{senh} u)^2\right)\\ &= \frac{1}{8}\left(4\operatorname{senh} u \cosh u - 4u\right) = \frac{\operatorname{senh} u \cosh u}{2} - \frac{u}{2}.\end{aligned}$$

Concluímos que

$$\begin{aligned}\int \sqrt{x^2-1} &= \frac{x\sqrt{x^2-1}}{2} - \frac{1}{2}\operatorname{arccosh} x + C\\ &= \frac{x\sqrt{x^2-1}}{2} - \frac{1}{2}\ln(x+\sqrt{x^2-1}) + C.\end{aligned}$$

É possível resolver a integral $\int \operatorname{senh}^2 u\,\mathrm{d}u$ via integração por partes em que $f(u) = \operatorname{senh} u = g'(u)$ ou via fórmula $\operatorname{senh}^2 u = \frac{\cosh u - 1}{2}$. Essencialmente, é a mesma forma que se resolve a integral $\int \operatorname{sen}^2 u\,\mathrm{d}u$.

Exercícios

1. Calcule as integrais abaixo.

a) $\displaystyle\int \frac{x^2\,\mathrm{d}x}{(1+x^2)^{3/2}}$ b) $\displaystyle\int \frac{x^2\,\mathrm{d}x}{\sqrt{1-x^2}}$ c) $\displaystyle\int \frac{\mathrm{d}x}{(x^2+4)^2}$

d) $\displaystyle\int \frac{\mathrm{d}x}{(x^2-1)^{3/2}}$ e) $\displaystyle\int \frac{\mathrm{d}x}{\sqrt{x^2-9}}$ f) $\displaystyle\int \frac{\mathrm{d}x}{\sqrt{9x^2+4}}$

g) $\displaystyle\int \frac{x\,\mathrm{d}x}{\sqrt{x^2-2x+5}}$ h) $\displaystyle\int \frac{\mathrm{d}x}{x(x^2+4)}$ i) $\displaystyle\int \sqrt{x^2-4x+8}\,\mathrm{d}x$

j) $\displaystyle\int \frac{\mathrm{d}x}{3-\cos x}$ k) $\displaystyle\int \frac{5\,\mathrm{d}x}{3\,\mathrm{sen}\,x+4\cos x}$ l) $\displaystyle\int \sec x\,\mathrm{d}x$

2. Faça a substituição $x = y^n$ para n adequado.

a) $\displaystyle\int \frac{\mathrm{d}x}{1+\sqrt[3]{x}}$ b) $\displaystyle\int \frac{\mathrm{d}x}{\sqrt[4]{x}+\sqrt{x}}$ c) $\displaystyle\int \frac{\sqrt{x}}{1+\sqrt[3]{x}}\,\mathrm{d}x$

Respostas

Exercício 1

a) $\ln(x+\sqrt{x^2+1}) - \dfrac{x}{\sqrt{x^2+1}} + C$

b) $\dfrac{\mathrm{arcsen}\,x - x\sqrt{1-x^2}}{2} + C$

c) $\dfrac{1}{16}\left(\dfrac{2x}{x^2+4} + \mathrm{arctg}\left(\dfrac{x}{2}\right)\right) + C$

d) $-\dfrac{x}{\sqrt{x^2-1}} + C$

e) $\ln|x+\sqrt{x^2-9}| + C$

f) $\dfrac{1}{3}\,\mathrm{arcsenh}\left(\dfrac{3x}{2}\right) + C$

g) $\sqrt{x^2-2x+5} + \mathrm{arcsenh}\left(\dfrac{x-1}{2}\right) + C$

h) $\dfrac{\ln|x|}{4} - \dfrac{\ln(x^2+4)}{8} + C$

i) $\dfrac{(x-2)\sqrt{x^2-4x+8}}{2} + 2\,\text{arcsenh}\left(\dfrac{x-2}{2}\right) + C$

j) $\dfrac{\sqrt{2}}{2} \cdot \text{arctg}\left(\sqrt{2}\,\text{tg}\left(\dfrac{x}{2}\right)\right) + C$

k) $\ln\left|1 + 2\,\text{tg}\left(\dfrac{x}{2}\right)\right| - \ln\left|\text{tg}\left(\dfrac{x}{2}\right) - 2\right| + C$

l) $\ln\left|\dfrac{\text{tg}\left(\dfrac{x}{2}\right)+1}{\text{tg}\left(\dfrac{x}{2}\right)-1}\right| + C$

Exercício 2

a) $\dfrac{3x^{2/3}}{2} - 3\sqrt[3]{x} + 3\ln|\sqrt[3]{x}+1| + C$

b) $2\sqrt{x} - 4\sqrt[4]{x} + 4\ln(\sqrt[4]{x}+1) + C$

c) $\dfrac{6x\sqrt[6]{x}}{7} - \dfrac{6\sqrt[6]{x^5}}{5} + 2\sqrt{x} - 6\sqrt[6]{x} + 6\,\text{arctg}(\sqrt[6]{x}) + C$

3.5 O Teorema de Liouville

Com as técnicas de integração desenvolvidas nas seções anteriores, o leitor deve ter reparado alguns pequenos padrões na resposta final, tais como, se integrarmos uma função do tipo $P(x)e^x$, com P polinômio, então espera-se que a resposta final deve ser da forma $Q(x).e^x + C$, em que $Q(x)$ é outro polinômio. Da mesma forma, se integrarmos funções que aparecem senos e cossenos, espera-se que a integral também tenha senos e cossenos na sua expressão. Vimos no exemplo 2.5.6 que

$$\int e^{2x} \operatorname{sen} x \, \mathrm{d}x = \frac{-e^{2x}\cos x + 2e^{2x}\operatorname{sen} x}{5} + C.$$

Vamos fazer mais um exemplo e de certa forma verificar que temos algum padrão na fórmula de integral.

Exemplo 3.5.1: Vamos calcular $\int x \operatorname{sen}(\ln x)\, \mathrm{d}x$. Considere a substituição $u = \ln x$, então $\mathrm{d}u = \frac{1}{x}\, \mathrm{d}x$ e, portanto, $\mathrm{d}x = x\, \mathrm{d}u = e^u\, \mathrm{d}u$. Daí,

$$\begin{aligned}\int x \operatorname{sen}(\ln x)\, \mathrm{d}x &= \int e^u (\operatorname{sen} u)\, e^u\, \mathrm{d}u = \int e^{2u} \operatorname{sen} u\, \mathrm{d}u \\ &= \frac{-e^{2u}\cos u + 2e^{2u}\operatorname{sen} u}{5} + C \\ &= \frac{-x^2\cos(\ln x) + 2x^2\operatorname{sen}(\ln x)}{5} + C.\end{aligned}$$

Note que na fórmula final aparecem as expressões trigonométricas, com o mesmo argumento $\ln x$, e multiplicadas por polinômios. Note ainda que a resolução da integral acima não é óbvia, onde utilizamos uma substituição *mágica*.

Avisamos que também é possível resolver o exemplo acima utilizando apenas integral por partes.

Antes de continuar a leitura, propomos que o leitor tente resolver dois exercícios de integração, a saber.

1. $\int e^{-x^2}\, \mathrm{d}x$, 2. $\int \left(\frac{x-1}{x^2}\right) e^x\, \mathrm{d}x$.

O primeiro exemplo é uma pequena adaptação da Integral Gaussiana, que também é conhecida como a Integral de Euler-Poisson. Esta integral aparece com frequência na área de estatística e probabilidade e, portanto, é bastante aplicada na Mecânica Quântica e Mecânica Estatística.

O segundo exemplo é artificial e está sendo usado apenas para fins didáticos.

Recomendamos a nossa videoaula Funções que não possuem Primitivas Elementares. Neste vídeo, há uma pequena imprecisão para os objetivos desta seção, pois funções definidas por partes não serão consideradas funções elementares.

Uma função é dita racional se ela pode ser escrita como fração de polinômios. Dizemos que uma função possui *expressão algébrica* se ela pode ser obtida via operações de soma, subtração, multiplicação, divisão, composição e raízes enésimas de polinômios. Por exemplo, todas as funções abaixo possuem expressões algébricas.

$$f(x) = \sqrt{x^2+1}, \quad f(x) = \frac{x^2+3x-2}{x^4+2}, \quad f(x) = \frac{\sqrt{x+1}}{\sqrt[3]{x^3+2}}.$$

Sabemos que se $f(x)$ admite expressão algébrica, então a sua derivada $f'(x)$ possui expressão algébrica, mas não vale a recíproca. Por exemplo,

$$\int \frac{x}{x^2+1}\,\mathrm{d}x = \frac{\ln(x^2+1)}{2} + C.$$

Uma função é dita ter *expressão elementar* se ela pode ser obtida via adição, multiplicação, divisão e composição de funções algébricas, trigonométricas e suas inversas, exponenciais e logarítmicas. São exemplos de funções com expressão elementar

$$f(x) = \operatorname{arctg}(\ln x), \quad f(x) = \frac{\ln x}{\operatorname{sen}^2(e^x)}, \quad f(x) = \frac{\sqrt[4]{x\cos x}\cdot e^{\operatorname{sen} x}}{\sqrt[3]{x^2+1}}.$$

O enunciado geral do teorema de Liouville está fora do escopo do livro e enunciaremos um caso particular. Como a demonstração utiliza estruturas algébricas tais como *extensão de corpos*, a demonstração deste teorema será omitida neste livro.

Teorema 3.5.2: Teorema de Liouville

Seja $f(x) = P(x)e^{Q(x)}$, em que P e Q são funções racionais. Se $f(x)$ é uma função que possui primitiva elementar, então existe $R(x)$ função racional tal que

$$\int P(x)e^{Q(x)}\,\mathrm{d}x = R(x)e^{Q(x)} + C.$$

Para aplicar o teorema 3.5.2, precisaremos, extensivamente, do algoritmo de divisão de polinômios. Faremos uma breve revisão de polinômios e recomendamos assistir à nossa videoaula [Revisão] - Divisão de Polinômios.

Um polinômio $P(x)$ de grau n é dado pela expressão

$$P(x) = a_n x^n + a_{n-1}x^{n-1} + \ldots + a_1 x + a_0, \quad \text{em que} \quad a_n \neq 0.$$

Dizemos que $P(x)$ é um polinômio mônico se $a_n = 1$.

Teorema de D'Alembert

Se $P(x)$ um polinômio de grau n e α é raiz de $P(x)$, então existe um polinômio $Q(x)$ de grau $n-1$ tal que $P(x) = (x-\alpha)\cdot Q(x)$.

O teorema de D'Alembert é um teorema de álgebra/algoritmo de computação, então é válido para $\alpha \in \mathbb{C}$, mas exige apenas que $Q(x)$ possua coeficientes complexos. Se $P(x)$ é polinômio com coeficientes reais e $\alpha \in \mathbb{C} - \mathbb{R}$ é raiz de $P(x)$, então $\overline{\alpha}$ é raiz de $P(x)$. Ao aplicarmos duas vezes o teorema de D'Alembert, obtemos $P(x) = (x-\alpha)(x-\overline{\alpha})Q(x)$.

Escreva $\alpha = a + bi$ com $a, b \in \mathbb{R}$ e $i = \sqrt{-1}$ a unidade imaginária. Temos que $\overline{\alpha} = a - bi$, e, portanto,

$$P(x) = (x-\alpha)(x-\overline{\alpha})Q(x) = \left(x^2 - 2ax + (a^2+b^2)\right)Q(x).$$

Mais ainda, pelo algoritmo de divisão, temos que $Q(x)$ tem coeficientes reais.

Seja $\alpha \in \mathbb{C}$ raiz de $P(x)$. Dizemos que α é raiz de multiplicidade r se existe um polinômio $Q(x)$, com $Q(\alpha) \neq 0$ tal que $P(x) = (x-\alpha)^r Q(x)$. O teorema fundamental da álgebra diz que se $P(x)$ tem grau n, então $P(x)$ admite exatamente n raízes complexas, contadas com multiplicidade. Vamos precisar de alguns resultados básicos.

Teorema 3.5.3: Consequências da Divisão de Polinômios

Sejam $P(x)$ e $Q(x)$ polinômios com coeficientes reais e $\alpha \in \mathbb{C}$ uma raiz de multiplicidade r do polinômio $P(x)$, então

1. $\text{grau}(P(x) \cdot Q(x)) = \text{grau}(P(x)) + \text{grau}(Q(x))$.
2. α é raiz de multiplicidade de $r - 1$ do polinômio $P'(x)$.
3. Existem $R(x)$ e $S(x)$ polinômios com coeficientes reais, sem raízes em comum, com $S(x)$ mônico, tais que $\dfrac{P(x)}{Q(x)} = \dfrac{R(x)}{S(x)}$.

Demonstração:

1. Escreva

$$
\begin{aligned}
P(x) &= a_n x^n + a_{n-1}x^{n-1} + \ldots + a_1 x + a_0 \\
Q(x) &= b_m x^m + b_{m-1}x^{m-1} + \cdots + b_0
\end{aligned}
$$

com $a_n, b_m \neq 0$. Multiplicando os dois polinômios, temos que

$$P(x) \cdot Q(x) = a_n b_m x^{n+m} + \big(\text{termos de grau} \leq n + m - 1\big).$$

Como $a_n b_m \neq 0$, temos que

$$\text{grau}\big(P(x) \cdot Q(x)\big) = n + m = \text{grau}\big(P(x)\big) + \text{grau}\big(Q(x)\big).$$

2. Seja α raiz de multiplicidade r de $P(x)$. Então, por definição, existe $R(x)$ polinômio com $R(\alpha) \neq 0$ tal que $P(x) = (x - \alpha)^r R(x)$. Derivando, utilizando a regra do produto, temos

$$
\begin{aligned}
P'(x) &= r(x - \alpha)^{r-1} R(x) + (x - \alpha)^r R'(x) \\
&= (x - \alpha)^{r-1}\big(rR(x) + (x - \alpha)R'(x)\big) \\
&= (x - \alpha)^{r-1} S(x),
\end{aligned}
$$

onde $S(x) = rR(x) + (x - \alpha)R'(x)$. Note que $S(\alpha) = rR(\alpha) \neq 0$ e isso mostra que $P'(x)$ possui α com raiz de multiplicidade $r - 1$.

3. Suponha que $P(x)$ e $Q(x)$ possuem uma raiz em comum α. Se α é real, podemos escrever $P(x) = (x - \alpha)P_1(x)$ e $Q(x) = (x - \alpha)Q_1(x)$. Logo $\dfrac{P(x)}{Q(x)} = \dfrac{P_1(x)}{Q_1(x)}$. Se α for complexa não real, então $\overline{\alpha}$ é outra raiz de $P(x)$ e, portanto,

$$P(x) = (x - \alpha)(x - \overline{\alpha})P_1(x)$$
$$Q(x) = (x - \alpha)(x - \overline{\alpha})Q_1(x)$$

e temos que $\dfrac{P(x)}{Q(x)} = \dfrac{P_1(x)}{Q_1(x)}$. Em ambos os casos, construímos polinômios P_1 e Q_1 com coeficientes reais e com grau menor que P e Q tais que $\dfrac{P(x)}{Q(x)} = \dfrac{P_1(x)}{Q_1(x)}$.

Se $P_1(x)$ e $Q_1(x)$ não possuem raiz em comum, então finalizamos o algoritmo. Caso contrário, repetimos o argumento do parágrafo anterior e encontramos polinômios $P_2(x)$ e $Q_2(x)$ de graus menores que P_1 e Q_1, respectivamente, e com coeficientes reais tais que $\dfrac{P_1(x)}{Q_1(x)} = \dfrac{P_2(x)}{Q_2(x)}$. Como o número de raízes em comum dos polinômios é finito, em algum momento o algoritmo termina e encontramos polinômios $R_1(x)$ e $S_1(x)$ tais que $\dfrac{P(x)}{Q(x)} = \dfrac{R_1(x)}{S_1(x)}$.

Escolha um número real k tal que $S(x) = kS_1(x)$ seja um polinômio mônico e considere $R(x) = kR_1(x)$. Temos, portanto, $\dfrac{P(x)}{Q(x)} = \dfrac{R(x)}{S(x)}$.

O objetivo do próximo exemplo é para que o leitor verifique que a solução da integral se torna praticamente um algoritmo. Fazer as devidas comparações com grau de polinômio costuma ser uma tarefa tediosa e é fácil errar alguma conta.

> **Exemplo 3.5.4:** Considere $\displaystyle\int \left(\frac{x-1}{x^2}\right) e^x \, dx$. Se a integral possui primitiva elementar, pelo teorema de Liouville e pelo teorema 3.5.3, existem $P(x)$ e $Q(x)$ polinômios sem raízes em comum e $Q(x)$ mônico, tais que
>
> $$\left(\frac{x-1}{x^2}\right) e^x = \left(\frac{P(x)}{Q(x)} e^x\right)' = \frac{P'(x)Q(x) - P(x)Q'(x)}{(Q(x))^2} \cdot e^x + \frac{P(x)}{Q(x)} \cdot e^x$$
> $$= \frac{P'(x)Q(x) - P(x)Q'(x) + P(x)Q(x)}{(Q(x))^2} \cdot e^x.$$

Logo, temos que

$$(x-1)Q^2(x) = x^2(P'(x)Q(x) - P(x)Q'(x) + P(x)Q(x)).$$

Passando as expressões com $Q(x)$ para o lado esquerdo da equação acima, obtemos

$$Q(x)\big((x-1)Q(x) - x^2P'(x) - x^2P(x)\big) = -x^2P(x)Q'(x). \quad (3.2)$$

Suponha que $Q(x)$ admita uma raiz $\alpha \in \mathbb{C}$ tal que $\alpha \neq 0$ e seja r sua multiplicidade. Então α é raiz com multiplicidade pelo menos r do polinômio do lado esquerdo da equação 3.2. Pelo item 2 do teorema 3.5.3 e, pelo fato de $P(\alpha) \neq 0$, temos que α é raiz de multiplicidade $r-1$ de $-x^2P(x)Q'(x)$, que é o lado direito da equação 3.2. Absurdo!

Isto mostra que $\alpha = 0$ é o único candidato a raiz de $Q(x)$. Pelo fato de $Q(x)$ ser mônico, temos que $Q(x) = x^n$ para algum $n \geq 0$. Substituindo na equação 3.2, temos

$$x^n\big((x-1)x^n - x^2P'(x) - x^2P(x)\big) = -nx^{n+1}P(x).$$

Portanto,

$$(x-1)x^n - x^2P'(x) - x^2P(x) = -nxP(x). \quad (3.3)$$

Como $P(0) \neq 0$, temos que $\alpha = 0$ é raiz de $-xP(x)$ com multiplicidade 1. Olhando a parte esquerda da equação 3.3, concluímos imediatamente que $n = 1$. Finalmente, dividindo a equação 3.2 por x, temos

$$x - 1 - xP'(x) - xP(x) = -P(x).$$

Daí,

$$P(x)(x-1) = x - 1 - xP'(x). \quad (3.4)$$

Suponha que $\text{grau}(P(x)) = n \geq 1$, então o lado esquerdo da equação 3.4 tem grau $n+1$ e o lado direito tem grau n. Um absurdo.

Logo $P(x)$ tem grau 0 e, portanto, é constante igual a k. Substituindo $P(x) = k$ na equação 3.4, temos $k(x-1) = x-1$ e, portanto, $k = 1$. Provamos que $P(x) = 1, Q(x) = x$ e, daí,

$$\int \left(\frac{x-1}{x^2}\right) e^x \, \mathrm{d}x = \frac{e^x}{x} + C.$$

Sugerimos o leitor utilizar softwares para o cálculo da integral acima e, caso o software permita, solicite a solução passo a passo.

Teorema 3.5.5

Seja $p(x)$ um polinômio de grau ≥ 2, então $\displaystyle\int e^{p(x)}\,\mathrm{d}x$ não possui expressão elementar.

Demonstração:

Suponha que $\displaystyle\int e^{p(x)}\,\mathrm{d}x$ possua expressão elementar, então, pelo teorema de Liouville, existem polinômios $R(x)$ e $S(x)$, sem raízes em comum e $S(x)$ mônico tais que

$$e^{p(x)} = \left(\frac{R(x)}{S(x)}e^{p(x)}\right)'.$$

Derivando a expressão da direita, temos que

$$e^{p(x)} = \frac{R'(x)S(x) - R(x)S'(x)}{S^2(x)}e^{p(x)} + \frac{R(x)}{S(x)} \cdot p'(x)e^{p(x)}.$$

Eliminando o termo de $e^{p(x)}$ e desenvolvendo as contas, temos que

$$S^2(x) = R'(x)S(x) - R(x)S'(x) + R(x)S(x)p'(x).$$

Reorganizando os termos que aparece $S(x)$ em um lado, temos que

$$S(x) \cdot \big(R'(x) + R(x)p'(x) - S(x)\big) = R(x)S'(x). \tag{3.5}$$

Suponha que $\mathrm{grau}(S(x)) > 0$, então, pelo teorema fundamental da álgebra, $S(x)$ possui raiz $\alpha \in \mathbb{C}$ de multiplicidade $r > 0$. Por outro lado, α não é raiz $R(x)$ e α é raiz de $S'(x)$ de multiplicidade $r - 1$. Analisando a equação 3.5, concluímos que α é raiz do polinômio à direita da igualdade com multiplicidade $r - 1$ e α é raiz com multiplicidade pelo menos r do lado esquerdo da igualdade.

Isso mostra que $\mathrm{grau}\,(S(x)) = 0$ e, portanto, $S(x)$ é uma função constante. Como $S(x)$ é mônico, então $S(x) = 1$ para todo x. Substituindo na equação 3.5, temos que

$$R(x)p'(x) = -1 - R'(x).$$

E a igualdade é impossível, pois

$$\text{grau}(R(x)p'(x)) = \text{grau}(R(x)) + \text{grau}\,(p'(x)) > \text{grau}(1 - R'(x)).$$

Na última desigualdade, precisamos utilizar que grau $(p'(x)) \geq 1$ para evitar o caso em que $R(x)$ é constante. Temos, portanto, uma contradição. Logo, a única possibilidade é que $\int e^{p(x)}\,\mathrm{d}x$ não é uma função com expressão elementar!

O teorema afirma, em particular, que não existe expressão elementar para a Integral Gaussiana $\int_0^x e^{-t^2}\,\mathrm{d}t$.

A função Integral Gaussiana está bem definida! Ela é a função área sob a curva da função $f(t) = e^{-t^2}$. O que foi provado é que esta função não possui expressão elementar. Em outras palavras, é uma nova fórmula!

O teorema de Liouville (caso geral) é importante para a implementação de sistema de computação simbólica para a resolução de integrais. O resultado mais robusto que temos hoje é o método de Risch, que é um algoritmo de tomada de decisão se uma determinada função possui (ou não) primitiva elementar e fornece a resposta final.

A implementação deste método é bastante complicada e é usado em vários aplicativos, tais como Wolfram, Maple, WxMaxima, Sage (com o pacote Simpy). Todos encontraram que $\int \left(\frac{x-1}{x^2}\right) e^x\,\mathrm{d}x = \frac{e^x}{x} + C$.

É possível ainda *enganar* o computador com substituições complicadas. Dependendo do software utilizado, ele pode não resolver

$$\int (x\cos x + \operatorname{sen} x)\sqrt{1 + (x \operatorname{sen} x)^2}\,\mathrm{d}x,$$

tal integral é resolvida com a substituição $u = x \operatorname{sen} x$.

Reiteramos que o teorema de Liouville é muito mais geral que contado aqui e é um resultado que utiliza argumentos algébricos e, portanto, é interessante que trabalhe em $\mathbb{C}$ ao invés de $\mathbb{R}$. Seja $i = \sqrt{-1}$ a unidade imaginária, então para todo $x \in \mathbb{R}$, temos as seguintes identidades, descobertas por Euler:

$$e^{ix} = \operatorname{sen} x + i\cos x, \qquad \operatorname{sen} x = \frac{e^{ix} - e^{-ix}}{2i},$$

$$\cos x = \frac{e^{ix} + e^{-ix}}{2}, \qquad \operatorname{arctg} x = \frac{1}{2i}\ln\left(\frac{1+ix}{1-ix}\right).$$

Note que $\dfrac{1}{1+x^2} = \dfrac{1}{2(1+ix)} + \dfrac{1}{2(1-ix)}$, e, portanto, a fórmula abaixo nos fornece algum padrão que não pode ser visto se olharmos apenas para o conjunto dos números reais.

$$\int \operatorname{arctg} x \, \mathrm{d}x = x \operatorname{arctg} x - \frac{\ln(1+x^2)}{2} + C.$$

Como $i = \sqrt{-1}$ é constante, temos $\displaystyle\int i f(x)\, \mathrm{d}x = i \int f(x)\, \mathrm{d}x$.

Exemplo 3.5.6: Vamos calcular $\displaystyle\int e^{2x} \operatorname{sen} x \, \mathrm{d}x$ com as fórmulas de Euler. Temos

$$\begin{aligned}
\int e^{2x} \operatorname{sen} x \, \mathrm{d}x &= \int e^{2x} \cdot \frac{e^{ix} - e^{-ix}}{2i} \, \mathrm{d}x = \frac{1}{2i} \int \left(e^{(2+i)x} - e^{(2-i)x}\right) \mathrm{d}x \\
&= \frac{1}{2i}\left(\frac{e^{(2+i)x}}{2+i} - \frac{e^{(2-i)x}}{2-i}\right) + C \\
&= \frac{e^{2x}}{2i}\left(\frac{(2-i)e^{ix} - (2+i)e^{-ix}}{5}\right) + C \\
&= \frac{e^{2x}}{10i} \cdot \left[2(e^{ix} - e^{-ix}) - i(e^{ix} + e^{-ix})\right] + C \\
&= \frac{e^{2x}}{10i} \cdot \left[4i \operatorname{sen} x - 2i \cos x\right] + C \\
&= \frac{2e^{2x} \operatorname{sen} x - e^{2x} \cos x}{5} + C.
\end{aligned}$$

Esperamos que o leitor note a similaridade entre as funções hiperbólicas vistas na seção 3.4 e as funções trigonométricas. Finalizamos a seção aproveitando o teorema 3.5.3 e provamos o teorema das frações parciais.

Teorema 3.5.7: Frações Parciais

Sejam $P(x)$ e $Q_1(x)$ polinômios com coeficientes complexos e $\alpha \in \mathbb{C}$ satisfazendo $Q_1(\alpha) \neq 0$. Então existem $A_1, \cdots, A_m \in \mathbb{C}$ e um polinômio $P_1(x)$ tais que

$$\frac{P(x)}{(x-\alpha)^m Q_1(x)} = \frac{A_1}{x-\alpha} + \cdots + \frac{A_m}{(x-\alpha)^m} + \frac{P_1(x)}{Q_1(x)}. \tag{3.6}$$

Se os polinômios P e Q_1 tenham coeficientes reais e $\alpha \in \mathbb{R}$, então $A_i \in \mathbb{R}$ e $P_1(x)$ tem coeficientes reais.

Demonstração:

A demonstração do resultado geral se encontra na videoaula Demonstração das Frações Parciais. Vamos fazer uma demonstração alternativa.

Seja $A_m = \dfrac{P(\alpha)}{Q_1(\alpha)}$ e defina $F(x) = P(x) - A_m \cdot Q_1(x)$.

Temos que $F(\alpha) = 0$ e pelo teorema de D'Alembert, existe um polinômio $P_m(x)$ tal que $F(x) = P_m(x).(x-\alpha)$. Daí,

$$P(x) = A_m \cdot Q_1(x) + F(x) = A_m \cdot Q_1(x) + P_m(x)(x-\alpha).$$

Daí,

$$\begin{aligned}\frac{P(x)}{(x-\alpha)^m Q_1(x)} &= \frac{A_m Q_1(x)}{(x-\alpha)^m Q_1(x)} + \frac{P_m(x)(x-\alpha)}{(x-\alpha)^m Q_1(x)} \\ &= \frac{A_m}{(x-\alpha)^m} + \frac{P_m(x)}{(x-\alpha)^{m-1} Q_1(x)}.\end{aligned}$$

Note que se $P(x)$, $Q_1(x)$ possuem coeficientes reais e se $\alpha \in \mathbb{R}$, então $A_m \in \mathbb{R}$ e $P_m(x)$ possui coeficientes reais. Utilizando o mesmo argumento para a fração $\dfrac{P_m(x)}{(x-\alpha)^{m-1} Q_1(x)}$, encontramos $A_{m-1} \in \mathbb{C}$ e um polinômio $P_{m-1}(x)$ tais que

$$\frac{P_m(x)}{(x-\alpha)^{m-1} Q_1(x)} = \frac{A_{m-1}}{(x-\alpha)^{m-1}} + \frac{P_{m-1}(x)}{(x-\alpha)^{m-2} Q_1(x)}.$$

Daí,

$$\frac{P(x)}{(x-\alpha)^m Q_1(x)} = \frac{A_{m-1}}{(x-\alpha)^{m-1}} + \frac{A_m}{(x-\alpha)^m} + \frac{P_{m-1}(x)}{(x-\alpha)^{m-2} Q_1(x)}.$$

Novamente, se tudo estiver no domínio dos reais, então $A_{m-1} \in \mathbb{R}$ e $P_{m-1}(x)$ possui coeficientes reais. Com um simples argumento de indução, encontramos $A_1, \cdots, A_m$ e um polinômio $P_1(x)$ tais que

$$\frac{P(x)}{(x-\alpha)^m Q_1(x)} = \frac{A_1}{x-\alpha} + \cdots + \frac{A_m}{(x-\alpha)^m} + \frac{P_1(x)}{Q_1(x)}.$$

Corolário 3.5.8

Na notação do teorema 3.5.7, se grau$(P(x)) < m+$grau$(Q_1(x))$, então grau$(P_1(x)) <$ grau$(Q_1(x))$.

Demonstração:

Suponha que grau$(P_1(x)) \geq$ grau$(Q_1(x))$, então multiplicando a equação 3.6 por $(x-\alpha)^m \cdot Q_1(x)$, temos que

$$\begin{aligned} P(x) = {} & A_1(x-\alpha)^{m-1}Q_1(x) + A_2(x-\alpha)^{m-2}Q_1(x) + \ldots + \\ & + A_m.Q_1(x) + (x-\alpha)^m P_1(x). \end{aligned}$$

Como grau$((x-\alpha)^m P_1(x)) = m +$ grau$(P_1(x)) \geq m +$ grau$(Q(x))$ e como os outros polinômios que aparecem no lado direito do somatório acima tem grau, no máximo, $(m-1)+$ grau$(Q_1(x))$, concluimos que

$$\text{grau}(P(x)) \geq m + \text{grau}(Q_1(x)).$$

Uma contradição. Logo grau$(P_1(x)) <$ grau$(Q_1(x))$.

Corolário 3.5.9

Na notação do teorema 3.5.7, se $P(x)$ e $Q_1(x)$ são polinômios com coeficientes reais e suponha que as duas raízes de $x^2 + ax + b$, com $a, b \in \mathbb{R}$ sejam raízes complexas e não reais. Então existem $A, B \in \mathbb{R}$ e polinômio $P_1(x)$ com coeficientes reais tais que

$$\frac{P(x)}{(x^2+ax+b)Q_1(x)} = \frac{Ax+B}{(x^2+ax+b)} + \frac{P_1(x)}{Q_1(x)}.$$

Demonstração:

Escreva $x^2 + ax + b = (x - \alpha)(x - \overline{\alpha})$, em que $\alpha \in \mathbb{C} - \mathbb{R}$. Aplicando duas vezes o teorema 3.5.7, existem $C, D \in \mathbb{C}$ e um polinômio $P_1(x)$ com coeficientes complexos tais que

$$\frac{P(x)}{(x^2 + ax + b)Q_1(x)} = \frac{C}{(x - \alpha)} + \frac{D}{(x - \overline{\alpha})} + \frac{P_1(x)}{Q_1(x)}$$
$$= \frac{C(x - \overline{\alpha}) + D(x - \alpha)}{x^2 + ax + b} + \frac{P_1(x)}{Q_1(x)}.$$

Multiplicando a equação acima por

$$(x^2 + ax + b)Q_1(x) = (x - \alpha).(x - \overline{\alpha})Q_1(x),$$

temos a seguinte igualdade entre polinômios,

$$P(x) = C(x - \overline{\alpha})Q_1(x) + D(x - \alpha)Q_1(x) + (x^2 + ax + b)P_1(x).$$

Fazendo $x = \alpha$, temos que $C = \dfrac{P(\alpha)}{(\alpha - \overline{\alpha})Q_1(\alpha)}$ e, analogamente, temos que $D = \dfrac{P(\overline{\alpha})}{(\overline{\alpha} - \alpha)Q_1(\overline{\alpha})} = \overline{C}$. A última igualdade decorre do fato de os polinômios $P(x)$ e $Q_1(x)$ possuírem coeficientes reais.

Finalmente, tome $A = C + \overline{C}$ e $B = -C \cdot \overline{\alpha} - \overline{C} \cdot \alpha$. Utilizando as propriedades de números complexos, temos que $A = \overline{A}$ e $B = \overline{B}$. Logo $A, B \in \mathbb{R}$ e, portanto,

$$\frac{P(x)}{(x^2 + ax + b)Q_1(x)} = \frac{Ax + B}{x^2 + ax + b} + \frac{P_1(x)}{Q_1(x)}.$$

Não é difícil concluir que $P_1(x)$ possui coeficientes reais.

O caso geral, em que o denominador é da forma $(x^2 + ax + b)^m Q_1(x)$, não é uma consequência direta do teorema 3.5.7, mas é possível também adaptar a argumentação da demostração desse teorema e provar esse caso. Outro jeito é utilizar o resultado da videoaula Demonstração das Frações Parciais, combinado com a divisão Euclidiana.

Exercícios

1. Encontre a primitiva das funções abaixo.

a) $\displaystyle\int \frac{x+1}{x^2}e^{-x}\,\mathrm{d}x$ b) $\displaystyle\int \frac{e^{-x}(-2x^2+x+6)}{x^3}\,\mathrm{d}x$

c) $\displaystyle\int e^{-x^2}(-2x^3-6x^2+3)\,\mathrm{d}x$ d) $\displaystyle\int \frac{(-8x^3+10x^2+5)e^{-x^2}}{x^2}\,\mathrm{d}x$

2. Se $k \neq 1$, mostre que $\displaystyle\int \frac{(x-k)e^x}{x^2}\,\mathrm{d}x$ não possui primitiva elementar.

3. Se $P(x)$ e $Q(x)$ são polinômios e se $\displaystyle\int P(x)e^{Q(x)}\,\mathrm{d}x$ possui expressão elementar, então ela é da forma $R(x)e^{Q(x)}$, em que $R(x)$ é polinômio. Conclua que se $\operatorname{grau}(Q) \geq \operatorname{grau}(P)$, então $\displaystyle\int P(x)e^{Q(x)}\,\mathrm{d}x$ não possui expressão elementar.

4. Se $P(x)$ é um polinômio não constante, mostre que $\displaystyle\int \frac{e^x}{P(x)}\,\mathrm{d}x$ não possui primitiva elementar.

5. Mostre que as integrais $\displaystyle\int e^{e^x}\,\mathrm{d}x$, $\displaystyle\int \frac{\mathrm{d}x}{\ln x}$ e $\displaystyle\int e^x \ln x\,\mathrm{d}x$ não possuem primitivas elementares.

6. Sejam $a, b, \in \mathbb{R}$ e $P(x)$ polinômio com $\operatorname{grau}(P(x)) < 2m$ e de coeficientes reais. Mostre que existem $A_1, B_1, \cdots, A_m, B_m \in \mathbb{R}$ tais que

$$\frac{P(x)}{(x^2+ax+b)^m} = \frac{A_1x+B_1}{x^2+ax+b} + \frac{A_2x+B_2}{(x^2+ax+b)^2} + \ldots + \frac{A_mx+B_m}{(x^2+ax+b)^m}.$$

Respostas

Sugerimos o uso de softwares para a verificação de suas respostas.

3.A Integral - o Método de Darboux

Nesta seção, será exposto, de forma rigorosa, a definição de integral como o limite de um somatório. Vimos na seção 2.7 uma definição simplificada de Soma de Riemann em que subdividimos os intervalos em pedaços iguais. É possível desenvolver a teoria de integração via soma de Riemann, mas vamos abordar um método mais simplificado, devido a Darboux, sobre a definição de integral. A motivação do método de Darboux pode ser encontrada na aula Introdução com Física ao Conceito de Integral.

Apesar disso, é bastante provável que o excesso de notação traga bastante dificuldades a alunos em primeiro contato com a versão rigorosa de integral e não há problema algum em entender apenas as duas primeiras páginas e aceitar os resultados básicos desta seção (por exemplo, integral da soma é a soma da integral). Pode ser interessante também estudar a seção seguinte, que acreditamos ser mais amigável.

Para evitarmos algumas tecnicalidades, supomos que $f : [a, b] \to \mathbb{R}$ é contínua, mas deixamos claro que toda parte básica da definição pode ser obtida supondo que f é uma função limitada e não necessariamente contínua.

Definição 3.A.1: Partição

Uma partição $\mathcal{P}$ em n pedaços do intervalo $[a, b]$ é um conjunto de $n+1$ pontos, no qual um deles é o ponto a e o outro deles é o ponto b.

Escrevemos $\mathcal{P} = \{a = x_0, x_1, \cdots, x_n = b\}$ em que $x_0 < x_1 < \ldots < x_n$ e $\Delta x_i = x_i - x_{i-1}$. A partição $\mathcal{P}$ define n subintervalos $R_i = [x_{i-1}, x_i]$ e o comprimento do intervalo R_i é Δx_i. Dizemos que a partição $\mathcal{P}$ de n pedaços é regular se $\Delta x_i = \dfrac{b-a}{n}$ para todo $i = 1, \cdots, n$.

Do ponto de vista teórico, apesar da notação ficar bem mais carregada, é interessante que a partição não seja necessariamente regular. Por exemplo, dados $f : [a, b] \to \mathbb{R}$ e $c \in (a, b)$, a igualdade

$$\int_a^b f(x)\,\mathrm{d}x = \int_a^c f(x)\,\mathrm{d}x + \int_c^b f(x)\,\mathrm{d}x$$

fica bem mais simples de ser demonstrada a ponto de valer a pena esse esforço inicial.

Definição 3.A.2: Soma Superior e Soma Inferior

Sejam $f : [a, b] \to \mathbb{R}$ função contínua e $\mathcal{P} = \{a = x_0, x_1, \cdots, x_n = b\}$ partição de $[a, b]$.

Para cada intervalo $R_i = [x_{i-1}, x_i]$, sejam m_i e M_i o menor e o maior valor, respectivamente, de f em R_i. A soma superior $S(f, \mathcal{P})$ e a soma inferior $s(f, \mathcal{P})$ são definidas por

$$S(f, \mathcal{P}) = \sum_{i=1}^{n} M_i \Delta x_i, \qquad s(f, \mathcal{P}) = \sum_{i=1}^{n} m_i \Delta x_i,$$

em que $\Delta x_i = x_i - x_{i-1}$.

Note que o teorema de Weierstrass (ver teorema 2.2.5) garante as existências de M_i e m_i. Além disso, como $m_i \Delta x_i \leq M_i \Delta x_i$ para todo i, temos que $s(f, \mathcal{P}) \leq S(f, \mathcal{P})$. Precisaremos de um refinamento dessa desigualdade.

Teorema 3.A.3

Na notação desta seção, se $\mathcal{P} \subseteq \mathcal{Q}$, então

$$s(f, \mathcal{P}) \leq s(f, \mathcal{Q}) \qquad \text{e} \qquad S(f, \mathcal{P}) \geq S(f, \mathcal{Q}).$$

Em particular, se $\mathcal{P} \subseteq \mathcal{Q}$, então $S(f, \mathcal{Q}) - s(f, \mathcal{Q}) \leq S(f, \mathcal{P}) - s(f, \mathcal{P})$.

Demonstração:

Vamos provar que $s(f, \mathcal{P}) \leq s(f, \mathcal{Q})$. A outra desigualdade é análoga. Faremos, inicialmente, o caso em que $\mathcal{Q}$ contém apenas um ponto a mais e tal ponto esteja entre x_{k-1} e x_k, isto é,

$$\begin{aligned} \mathcal{P} &= \{x_0 = a, x_1, \cdots, x_n\}, \\ \mathcal{Q} &= \{x_0 = a, x_1, \cdots, x_{k-1}, t, x_k, \cdots, x_n\}. \end{aligned}$$

Sejam m' e m'' o mínimo global de f nos intervalos $[x_{k-1}, t]$ e $[t, x_k]$, respectivamente. Como m_k é o mínimo global de f em $[x_{k-1}, x_k]$, então, temos que $m_k \leq m'$ e $m_k \leq m''$. Daí,

$$\begin{aligned} m_k \Delta x_k = m_k(x_k - x_{k-1}) &= m_k(x_k - t) + m_k(t - x_{k-1}) \\ &\leq m'(x_k - t) + m''(t - x_{k-1}). \end{aligned}$$

Como $s(f,\mathcal{Q}) - s(f,\mathcal{P}) = m'(x_k - t) + m''(t - x_{k-1}) - m_k \Delta x_k \geq 0$, concluímos que $s(f,\mathcal{Q}) \geq s(f,\mathcal{P})$.

Para o caso geral, supomos que $\mathcal{Q} - \mathcal{P} = \{t_1, \cdots, t_k\}$, isto é, $\mathcal{Q}$ possui k elementos a mais que $\mathcal{P}$. Defina $\mathcal{P}_1 = \mathcal{P} \cup \{t_1\}$, $\mathcal{P}_2 = \mathcal{P}_1 \cup \{t_2\}$ e assim sucessivamente, até termos $\mathcal{P}_k = \mathcal{Q}$.

Criamos uma sequência de partições $\mathcal{P}, \mathcal{P}_1, \mathcal{P}_2, \cdots, \mathcal{P}_k = \mathcal{Q}$ em que $\mathcal{P}_{j+1}$ possui um ponto a mais de $\mathcal{P}_j$. Pelo que foi provado no item anterior, temos

$$s(f,\mathcal{P}) \leq s(f,\mathcal{P}_1) \leq s(f,\mathcal{P}_2) \leq \ldots \leq s(f,\mathcal{Q}).$$

Para a desigualdade $S(f,\mathcal{Q}) - s(f,\mathcal{Q}) \leq S(f,\mathcal{P}) - s(f,\mathcal{P})$, basta ver que

$$\big(S(f,\mathcal{P}) - s(f,\mathcal{P})\big) - \big(S(f,\mathcal{Q}) - s(f,\mathcal{Q})\big) = [S(f,\mathcal{P}) - S(f,\mathcal{Q})] + [s(f,\mathcal{Q}) - s(f,\mathcal{P})]$$

e perceber que os termos dentro dos colchetes da igualdade da direita são positivos.

Corolário 3.A.4

Se $\mathcal{P}$ e $\mathcal{R}$ são duas partições de $[a,b]$, então $s(f,\mathcal{P}) \leq S(f,\mathcal{R})$.

Demonstração:

Seja $\mathcal{Q} = \mathcal{P} \cup \mathcal{R}$. Como $\mathcal{P} \subseteq \mathcal{Q}$ e $\mathcal{R} \subseteq \mathcal{Q}$, então, pelo teorema 3.A.3, temos que

$$s(f,\mathcal{P}) \leq s(f,\mathcal{Q}) \leq S(f,\mathcal{Q}) \leq S(f,\mathcal{R}).$$

No próximo teorema, usaremos que se $\mathcal{P} = \{a = x_0, x_1, \cdots, x_n = b\}$ é partição de $[a,b]$ e $\Delta x_i = x_i - x_{i-1}$, então $\sum_{i=1}^{n} \Delta x_i = (b - a)$.

Teorema 3.A.5

Sejam $f : [a,b] \to \mathbb{R}$ função e $m, M \in \mathbb{R}$ tais que $m \leq f(x) \leq M$ para todo $x \in [a,b]$. Se $\mathcal{P} = \{x_0 = a, x_1, \cdots, x_n = b\}$ é uma partição de $[a,b]$, então

$$m(b-a) \leq s(f,\mathcal{P}) \leq S(f,\mathcal{P}) \leq M(b-a).$$

Demonstração:

Escreva $s(f,\mathcal{P}) = \sum_{i=1}^{n} m_i \Delta x_i$, onde m_i é o menor valor de f em $[x_{i-1}, x_i]$ e $\Delta x_i = x_i - x_{i-1}$. Temos, por hipótese que $m \leq m_i$ para todo i e, portanto,

$$m(b-a) = m \cdot \sum_{i=1}^{n} \Delta x_i = \sum_{i=1}^{n} m \Delta x_i \leq \sum_{i=1}^{n} m_i \Delta x_i = s(f,\mathcal{P}).$$

A demonstração $S(f,\mathcal{P}) \leq M(b-a)$ é análoga e deixamos como exercício.

Considere $X = \{s(f,\mathcal{P}) \ / \ \mathcal{P}$ partição de $[a,b]\}$. Pelo teorema 3.A.5, X é um conjunto limitado superiormente e, portanto, admite o supremo $\sup X$ (sugerimos a videoaula Axioma do Supremo). Analogamente, o conjunto $Y = \{S(f,\mathcal{P}) \ / \ \mathcal{P}$ partição de $[a,b]\}$ é limitado inferiormente e, portanto, existe $\inf Y$. Sugerimos a videoaula Axioma do Ínfimo.

A construção da teoria de integração via o método de Darboux pode ser feita supondo que $f : [a,b] \to \mathbb{R}$ seja apenas uma função limitada, com $S(f,\mathcal{P}) = \sum_{i=1}^{n} M_i \Delta x_i$ e $s(f,\mathcal{P}) = \sum_{i-1}^{n} m_i \Delta x_i$, em que

$$M_i = \sup\{f(x), x \in [x_{i-1}, x_i]\},$$
$$m_i = \inf\{f(x), x \in [x_{i-1}, x_i]\}.$$

Definição 3.A.6: Integral Superior e Inferior

Seja $f : [a,b] \to \mathbb{R}$ função limitada. Definimos a integral superior por

$$\overline{\int_a^b} f(x)\,\mathrm{d}x = \inf\left\{S(f,\mathcal{P}) \ / \ \mathcal{P} \text{ partição de } [a,b]\right\}$$

Analogamente, a integral inferior é o supremo da soma inferior, isto é,

$$\underline{\int_a^b} f(x)\,\mathrm{d}x = \sup\left\{s(f,\mathcal{P}) \ / \ \mathcal{P} \text{ partição de } [a,b]\right\}$$

Definição 3.A.7: Funções Integráveis

Dizemos que f é integrável se $\underline{\int_a^b} f(x)\,\mathrm{d}x = \overline{\int_a^b} f(x)\,\mathrm{d}x$. Neste caso, denotamos

$$\int_a^b f(x)\,\mathrm{d}x = \underline{\int_a^b} f(x)\,\mathrm{d}x = \overline{\int_a^b} f(x)\,\mathrm{d}x.$$

Se f é integrável, então para toda partição $\mathcal{P}$ de $[a,b]$, temos

$$s(f,\mathcal{P}) \leq \int_a^b f(x)\,\mathrm{d}x \leq S(f,\mathcal{P}),$$

mais ainda $\int_a^b f(x)\,\mathrm{d}x$ é o único número com tal propriedade.

Com a definição de integral superior e integral inferior, as propriedades de integrais são consequências diretas de estudos iniciais de um curso padrão de análise na reta. Para alguns exercícios iniciais do Axioma do Supremo, sugerimos a videoaula Exercícios Teóricos do Axioma do Supremo.

Teorema 3.A.8

Sejam $X, Y \subseteq \mathbb{R}$ conjuntos limitados não vazios tais que para todo $x \in X$ e para todo $y \in Y$, tem-se $x \leq y$, então $\sup X \leq \inf Y$.

Demonstração:

Se provarmos que $b = \inf Y$ é uma cota superior do conjunto X, então como $\sup X$ é a menor cota superior, temos que $\sup X \leq \inf Y$.

Supomos que b não é cota superior de X. Então existe $x \in X$ tal que $b < x$. Como $b = \inf Y$ é a maior cota inferior de Y, então x não é conta inferior de Y e, portanto, existe $y \in Y$ tal que $y < x$.

Isto contraria a hipótese dos conjuntos X e Y.

Corolário 3.A.9

Se $f : [a, b] \to \mathbb{R}$ função limitada, então $\underline{\int_a^b} f(x)\,\mathrm{d}x \leq \overline{\int_a^b} f(x)\,\mathrm{d}x$.

Demonstração:

Defina os conjuntos X e Y por

$$\begin{aligned} X &= \{s(f, \mathcal{P}) \ / \ \mathcal{P} \text{ partição de } [a, b]\}, \\ Y &= \{S(f, \mathcal{P}) \ / \ \mathcal{P} \text{ partição de } [a, b]\}. \end{aligned}$$

temos que X e Y são não vazios, o corolário 3.A.4 diz que para todo $x \in X$ e $y \in Y$, tem-se $x \leq y$ e pelo teorema 3.A.8, temos

$$\underline{\int_a^b} f(x)\,\mathrm{d}x = \sup X \leq \inf Y = \overline{\int_a^b} f(x)\,\mathrm{d}x.$$

Teorema 3.A.10

Sejam $X, Y \subseteq \mathbb{R}$ limitados e não vazios tais que para todo $x \in X$ e todo $y \in Y$, tem-se $x \leq y$. São equivalentes

1. $\sup X = \inf Y$.
2. Para todo $\varepsilon > 0$, existem $x \in X$ e $y \in Y$ tais que $y - x < \varepsilon$.

Demonstração:

(1. $\Rightarrow$ 2.) Supomos que $\sup X = \inf Y = b$. Dado $\varepsilon > 0$, então $b - \frac{\varepsilon}{2}$ não é cota superior de X e, portanto, existe $x \in X$ tal que $b - \frac{\varepsilon}{2} < x$.

Analogamente, $b + \frac{\varepsilon}{2}$ não é cota inferior de Y e, portanto, existe $y \in Y$ tal que $y < b + \frac{\varepsilon}{2}$. Logo temos que

$$b - \frac{\varepsilon}{2} < x \leq y < b + \frac{\varepsilon}{2}.$$

Daí,

$$y - x < \left(b + \frac{\varepsilon}{2}\right) - \left(b - \frac{\varepsilon}{2}\right) = \varepsilon.$$

(2. $\Rightarrow$ 1.) Pelo teorema 3.A.8, tem-se $\sup X \leq \inf Y$. Supomos, por absurdo, que $\sup X < \inf Y$ e tome $\varepsilon = \inf Y - \sup X > 0$. Então dados $x \in X$ e $y \in Y$, temos que $x \leq \sup X < \inf Y \leq y$. Daí,

$$y - x \geq \big(\inf Y - \sup X\big) = \varepsilon,$$

contrariando a hipótese de (2). Isso mostra que $\sup X = \inf Y$.

Corolário 3.A.11: Critério de Darboux para Integrabilidade

Seja $f : [a, b] \to \mathbb{R}$ função limitada, então f é uma função integrável em $[a, b]$ se e somente para todo $\varepsilon > 0$, existe uma partição $\mathcal{P}$ de $[a, b]$ tal que

$$S(f, \mathcal{P}) - s(f, \mathcal{P}) < \varepsilon.$$

Demonstração:

Defina os conjuntos X e Y por

$$X = \{s(f, \mathcal{P}) \;/\; \mathcal{P} \text{ partição de } [a, b]\},$$
$$Y = \{S(f, \mathcal{P}) \;/\; \mathcal{P} \text{ partição de } [a, b]\}.$$

Suponha que f é integrável em $[a, b]$, isto é, $\sup X = \inf Y$.

Dado $\varepsilon > 0$. Como $x \leq y$ para todo $x \in X$ e $y \in Y$, pelo teorema 3.A.10, existem partições $\mathcal{Q}$ e $\mathcal{R}$ do intervalo $[a, b]$ tais que $x = s(f, \mathcal{Q}) \in X$ e $y = S(f, \mathcal{R}) \in Y$ satisfazendo que $y - x < \varepsilon$. Tome $\mathcal{P} = \mathcal{Q} \cup \mathcal{R}$, então $\mathcal{Q} \subseteq \mathcal{P}$ e $\mathcal{R} \subseteq \mathcal{P}$. Pelo teorema 3.A.3, temos que

$$s(f, \mathcal{Q}) \leq s(f, \mathcal{P}) \leq S(f, \mathcal{P}) \leq S(f, \mathcal{R}).$$

Daí,

$$S(f, \mathcal{P}) - s(f, \mathcal{P}) \leq S(f, \mathcal{R}) - s(f, \mathcal{Q}) < \varepsilon.$$

Reciprocamente, suponha que para todo $\varepsilon > 0$, existam $x = s(f, \mathcal{P}) \in X$ e $y = S(f, \mathcal{P}) \in Y$ tais que $y - x < \varepsilon$. Então, pelo teorema 3.A.10, temos que $\sup X = \inf Y$ e, portanto, f é integrável.

Teorema 3.A.12

Suponha que A e X são conjuntos não vazios, limitados e $A \subseteq X$, então $\inf X \leq \inf A \leq \sup A \leq \sup X$.

Além disso, suponha que para todo $x \in X$, exista $a \in A$ tal que $a \geq x$. Então $\sup A = \sup X$.

Analogamente, se para todo $x \in x$, existe $a \in A$ tal que $a \leq x$, então $\inf X = \inf Y$.

Demonstração:

Para demonstrar que $\inf X \leq \inf A$, basta mostrar que $\beta = \inf X$ é cota inferior de A.

Dado $a \in A$. Como $A \subseteq X$, temos que $a \in X$. Como β é cota inferior de X, temos que $\beta \leq a$ e isso mostra que β é cota inferior de A.

Analogamente, é possível mostrar que $\sup X$ é cota superior de A.

Suponha que, além de $A \subseteq X$, tem-se também que para todo $x \in X$, existe $a \in A$ tal que $a \leq x$. Seja $\beta = \inf X$ e dado $\varepsilon > 0$, vamos demonstrar que $\beta + \varepsilon$ não é cota inferior de A.

Como $\beta + \varepsilon$ não é cota inferior de X, existe $x \in X$ tal que $x < \beta + \varepsilon$. Por hipótese, existe $a \in A$ tal que $a \leq x$ e, portanto, $\beta + \varepsilon$ não é cota inferior de A. Utilizando que β é cota inferior de A, concluímos, por definição de ínfimo, que $\beta = \inf A$.

Se $A \subseteq X$ e que para todo $x \in X$, existe $a \in A$ com $a \geq x$ é possível demonstrar de forma análoga que $\sup X = \sup A$.

Corolário 3.A.13

Sejam $f : [a, b] \to \mathbb{R}$ função limitada e $c \in (a, b)$. Defina

$$X = \{s(f, \mathcal{P}) \,/ \mathcal{P} \text{ partição de } [a, b]\}$$
$$A = \{s(f, \mathcal{P}) \;/\; \mathcal{P} \text{ partição de } [a, b] \text{ com } c \in \mathcal{P}\}.$$

Então $\sup A = \sup X$.

O enunciado é análogo para as somas superiores.

Demonstração:

Claramente temos que $A \subseteq X$. Além disso, dado $x = s(f, \mathcal{P}) \in X$, considere $\mathcal{Q} = \mathcal{P} \cup \{c\}$ e $a = s(f, \mathcal{Q}) \in A$, então, pelo teorema 3.A.3, temos que $x < a$ e, pelo teorema 3.A.12, concluímos que $\sup A = \sup X$.

Teorema 3.A.14

Sejam $X, Y \subseteq \mathbb{R}$ limitados e não vazios e defina

$$X + Y = \{x + y \; / x \in X \text{ e } y \in Y\}.$$

Então $X + Y$ é limitado e vale

$$\sup(X + Y) = \sup X + \sup Y$$
$$\inf(X + Y) = \inf X + \inf Y.$$

Demonstração:

A demonstração pode ser encontrada em Exercício 1 envolvendo o Supremo. Vamos reproduzi-la aqui.

Seja $a = \sup X$ e $b = \sup Y$. Dado $z \in X + Y$, então, pela definição de $X + Y$, existem $x \in X$ e $y \in Y$ tais que $z = x + y$. Como $x \leq a$ e $y \leq b$, temos que $z \leq a + b$ e isso mostra que $a + b$ é cota superior de $X + Y$. Precisamos provar que $a + b$ é a menor cota superior de $X + Y$. Dado $\varepsilon > 0$, então $a - \frac{\varepsilon}{2}$ e $b - \frac{\varepsilon}{2}$ não são, respectivamente, cotas superiores de X e Y e, portanto, existem $x \in X$ e $y \in Y$ tais que

$$a - \frac{\varepsilon}{2} < x \leq a,$$
$$b - \frac{\varepsilon}{2} < y \leq b.$$

Somando as duas, temos que $a + b - \varepsilon < x + y$ e, como $x + y \in X + Y$, temos que $a + b - \varepsilon$ não é cota superior. Logo $a + b$ é o supremo de $X + Y$, como queríamos demonstrar.

A demonstração que $\inf(X + Y) = \inf X + \inf Y$ é análoga e é deixada como exercício para o leitor.

Corolário 3.A.15

Sejam $f:[a,b]\to\mathbb{R}$ e $c\in(a,b)$. Então f é integrável em $[a,b]$ se e somente se f é integrável $[a,c]$ e em $[c,b]$. Mais ainda, vale a seguinte igualdade

$$\int_a^b f(x)\,\mathrm{d}x=\int_a^c f(x)\,\mathrm{d}x+\int_c^b f(x)\,\mathrm{d}x.$$

Demonstração:

Se $\mathcal{P}_1$ e $\mathcal{P}_2$ são partições de $[a,c]$ e $[c,b]$ respectivamente, então $\mathcal{P}=\mathcal{P}_1\cup\mathcal{P}_2$ é partição de $[a,b]$ e vale

$$\begin{aligned}s(f,\mathcal{P})&=s(f,\mathcal{P}_1)+s(f,\mathcal{P}_2)\\S(f,\mathcal{P})&=S(f,\mathcal{P}_1)+S(f,\mathcal{P}_2).\end{aligned}$$

Defina os conjuntos X e Y por

$$\begin{aligned}X&=\{s(f,\mathcal{P}_1)\,/\,\mathcal{P}_1\text{ partição de }[a,c]\},\\Y&=\{s(f,\mathcal{P}_2)\,/\,\mathcal{P}_2\text{ partição de }[c,b]\}.\end{aligned}$$

Então $X+Y=\{s(f,\mathcal{P})\,/\,\mathcal{P}\text{ é partição de }[a,b]\text{ com }c\in\mathcal{P}\}$. Pelo corolário 3.A.13, temos

$$\sup(X+Y)=\underline{\int_a^b} f(x)\,\mathrm{d}x.$$

Pelo teorema 3.A.14, concluímos que

$$\underline{\int_a^b} f(x)\,\mathrm{d}x=\underline{\int_a^c} f(x)\,\mathrm{d}x+\underline{\int_c^b} f(x)\,\mathrm{d}x.$$

Analogamente, temos que

$$\overline{\int_a^b} f(x)\,\mathrm{d}x=\overline{\int_a^c} f(x)\,\mathrm{d}x+\overline{\int_c^b} f(x)\,\mathrm{d}x.$$

Suponha que f é integrável em $[a,b]$. Então, pelas igualdades acimas, temos

$$\int_a^b f(x)\,\mathrm{d}x=\underline{\int_a^c} f(x)\,\mathrm{d}x+\underline{\int_c^b} f(x)\,\mathrm{d}x=\overline{\int_a^c} f(x)\,\mathrm{d}x+\overline{\int_c^b} f(x)\,\mathrm{d}x.$$

Como $\underline{\int_a^c} f(x)\,\mathrm{d}x \leq \overline{\int_a^c} f(x)\,\mathrm{d}x$ e $\underline{\int_c^b} f(x)\,\mathrm{d}x \leq \overline{\int_c^b} f(x)\,\mathrm{d}x$, a igualdade acima só é possível se f é integrável em ambos os intervalos $[a, c]$ e $[c, b]$. Portanto, vale a fórmula

$$\int_a^b f(x)\,\mathrm{d}x = \int_a^c f(x)\,\mathrm{d}x + \int_c^b f(x)\,\mathrm{d}x.$$

Reciprocamente, se f é integrável em $[a, c]$ e em $[c, b]$, então

$$\begin{aligned} \overline{\int_a^b} f(x)\,\mathrm{d}x &= \overline{\int_a^c} f(x)\,\mathrm{d}x + \overline{\int_c^b} f(x)\,\mathrm{d}x \\ &= \underline{\int_a^c} f(x)\,\mathrm{d}x + \underline{\int_c^b} f(x)\,\mathrm{d}x = \underline{\int_a^b} f(x)\,\mathrm{d}x. \end{aligned}$$

Isto mostra que f é integrável em $[a, b]$.

Por conta deste teorema, é interessante definir

$$\int_b^a f(x)\,\mathrm{d}x = -\int_a^b f(x)\,\mathrm{d}x.$$

Com esta definição, vale que $\int_a^b f(x)\,\mathrm{d}x = \int_a^c f(x)\,\mathrm{d}x + \int_c^b f(x)\,\mathrm{d}x$, mesmo para $c > b$ ou $c < a$, desde que f seja integrável em todos os intervalos considerados.

Teorema 3.A.16

Suponha que $X \subseteq \mathbb{R}$ é um conjunto limitado e não vazio e seja $k \in \mathbb{R}$. Defina $kX = \{kx \,/\, x \in X\}$, então

- Se $k \geq 0$, então $\inf(kX) = k \inf X$ e $\sup(kX) = k \sup X$.
- Se $k < 0$, então $\inf kX = k \sup X$ e $\sup(kX) = k \inf X$.

Demonstração:

Vamos demonstrar apenas o caso que $\inf kX = k \sup X$ se $k < 0$ e deixaremos os outros como exercício. Seja $b = \sup X$. Vamos mostrar, primeiramente, que kb é cota inferior do conjunto kX.

Dado $y \in kX$, então existe $x \in X$ tal que $y = kx$. Como b é cota superior de X, tem-se $x \leq b$. Além disso, como $k < 0$, então $y = kx \geq kb$ e, portanto, kb é cota inferior de kX.

Dado $\varepsilon > 0$. Vamos mostrar que $kb + \varepsilon$ não é cota inferior de kX. Como $k < 0$, temos que $b + \dfrac{\varepsilon}{k} < b$ não é cota superior de X e, portanto, existe $x \in X$ tal que $b + \dfrac{\varepsilon}{k} < x$. Daí, $kb + \varepsilon > kx$ e $kx \in kX$.

Corolário 3.A.17

Seja $f : [a, b] \to \mathbb{R}$ função integrável e $k \in \mathbb{R}$, então vale

$$\int_a^b kf(x)\,\mathrm{d}x = k\int_a^b f(x)\,\mathrm{d}x.$$

Demonstração:

Faremos apenas o caso $k < 0$ e deixaremos o caso $k \geq 0$ como exercício.

Seja $\mathcal{P} = \{x_0 = a, x_1, \cdots, x_{n-1}, x_n = b\}$ partição do intervalo $[a, b]$ e tome $m_i = \inf\{f(x) \;/ x \in [x_{i-1}, x_i]\}$. Então pelo teorema 3.A.16, temos que

$$km_i = \sup\{kf(x) \;/\; x \in [x_{i-1}, x_i]\}.$$

Logo

$$S(kf, \mathcal{P}) = ks(f, \mathcal{P}).$$

Como esta igualdade é válida para qualquer partição $\mathcal{P}$, concluímos, pelo teorema 3.A.16

$$\overline{\int_a^b} kf(x)\,\mathrm{d}x = k\underline{\int_a^b} f(x)\,\mathrm{d}x = k\int_a^b f(x)\,\mathrm{d}x.$$

Analogamente, temos $\underline{\int_a^b} kf(x)\,\mathrm{d}x = k\overline{\int_a^b} f(x)\,\mathrm{d}x = k\int_a^b f(x)\,\mathrm{d}x$. Logo

$$\underline{\int_a^b} kf(x)\,\mathrm{d}x = \overline{\int_a^b} kf(x)\,\mathrm{d}x = k\int_a^b f(x)\,\mathrm{d}x.$$

Teorema 3.A.18: Integrabilidade da Soma

Sejam $f, g : [a, b] \to \mathbb{R}$ funções integráveis em $[a, b]$, então $f + g$ é integrável em $[a, b]$ e vale

$$\int_a^b (f(x) + g(x))\,\mathrm{d}x = \int_a^b f(x)\,\mathrm{d}x + \int_a^b g(x)\,\mathrm{d}x.$$

Demonstração:

Seja $\mathcal{P} = \{x_0 = a, x_1, \cdots, x_n = b\}$ partição de $[a, b]$ e defina

$$\begin{aligned} m_i &= \inf\{f(x) + g(x) \ / \ x_{i-1} \le x \le x_i\}, \\ m_i' &= \inf\{f(x) \ / \ x_{i-1} \le x \le x_i\}, \\ m_i'' &= \inf\{g(x) \ / \ x_{i-1} \le x \le x_i\}. \end{aligned}$$

Defina, da mesma forma, os valores de M_i, M_i' e M_i''. É fácil se convencer que

$$m_i \ge m_i' + m_i'' \qquad \text{e} \qquad M_i \le M_i' + M_i''.$$

O motivo de não valer necessariamente a igualdade é porque não temos garantia que os mínimos de f e de g ocorrem exatamente no mesmo ponto x_0. Portanto, temos que

$$\begin{aligned} s(f, \mathcal{P}) + s(g, \mathcal{P}) &\le s(f + g, \mathcal{P}), \\ S(f, \mathcal{P}) + S(g, \mathcal{P}) &\ge S(f + g, \mathcal{P}). \end{aligned}$$

Vamos organizar a escrita para aplicar os resultados anteriores da seção. Defina:

$$\begin{aligned} X &= \{s(f, \mathcal{P}) \ / \ \mathcal{P} \text{ partição de } [a, b]\}, \\ Y &= \{s(g, \mathcal{P}) \ / \ \mathcal{P} \text{ partição de } [a, b]\}, \\ Z &= \{s(f + g, \mathcal{P}) \ / \ \mathcal{P} \text{ partição de } [a, b]\}. \end{aligned}$$

Foi provado que para cada $a \in X + Y$, existe um $z \in Z$ tal que $a \le z$. É fácil concluir que

$$\sup(X + Y) \le \sup Z.$$

Finalmente, pelo teorema 3.A.14, temos que

$$\underline{\int_a^b} f(x)\,\mathrm{d}x + \underline{\int_a^b} g(x)\,\mathrm{d}x \le \underline{\int_a^b} (f(x)+g(x))\,\mathrm{d}x.$$

Analogamente, prova-se que

$$\overline{\int_a^b} (f(x)+g(x))\,\mathrm{d}x \le \overline{\int_a^b} f(x)\,\mathrm{d}x + \overline{\int_a^b} g(x)\,\mathrm{d}x.$$

Escreva

$$I = \int_a^b f(x)\,\mathrm{d}x + \int_a^b g(x)\,\mathrm{d}x.$$

Como f e g são funções integráveis, provamos que

$$I \le \underline{\int_a^b} (f(x)+g(x))\,\mathrm{d}x \le \overline{\int_a^b} (f(x)+g(x))\,\mathrm{d}x \le I.$$

Logo,

$$\underline{\int_a^b} (f(x)+g(x))\,\mathrm{d}x = \overline{\int_a^b} (f(x)+g(x))\,\mathrm{d}x = \int_a^b f(x)\,\mathrm{d}x + \int_a^b g(x)\,\mathrm{d}x.$$

Exercícios

1. Seja $X \subset \mathbb{R}$ conjunto não vazio e limitado superiormente. Defina $-X = \{-x; x \in X\}$. Mostre que $-X$ é limitado inferiormente e vale $\sup X = -\inf(-X)$.

2. Seja $f : [a, b] \to \mathbb{R}$ função c. Mostre na definição que f é integrável e vale
$$\int_a^b c \, \mathrm{d}x = c(b-a).$$

3. Mostre que a função
$$f(x) = \begin{cases} 0, & \text{se } x \in \mathbb{Q} \\ 1, & \text{se } x \notin \mathbb{Q} \end{cases}$$
não é integrável em $[0, 1]$.

4. Mostre na definição que a função $f(x) = x$ é integrável em $[2, 4]$ e vale
$$\int_2^4 x \, \mathrm{d}x = 6.$$

3.B Integrabilidade por Riemann

Nesta seção, continuaremos com a discussão de funções integráveis. Mostraremos que toda função contínua é integrável e, além disso, caso a função possua um número finito de descontinuidades, então ela é integrável. Após isso, definiremos com precisão a soma de Riemann e a integral via soma de Riemann e provaremos que se a função é contínua, então o critério de Darboux e o método de Riemann chegam ao mesmo resultado.

Além disso, provaremos o teorema fundamental do cálculo e vários outros resultados *menores*, mas interessantes, de integração. O resultado chave que será utilizado é conhecido como *continuidade uniforme.*

Teorema 3.B.1: Continuidade Uniforme

Seja $f : [a, b] \to \mathbb{R}$ função contínua. Então f é uniformemente contínua, isto é, para todo $\varepsilon > 0$, existe $\delta > 0$ tal que para todo $x, y \in [a, b]$, com $|x - y| < \delta$, tem-se $|f(x) - f(y)| < \varepsilon$.

Demonstração:

Dado $\varepsilon > 0$. Para fixar as ideias, façamos a seguinte definição. Dizemos que f é ε-admissível no intervalo I, se existe $\delta > 0$ tal que para todo $x, y \in I$,

$$\text{se } |x - y| < \delta, \quad \text{então } |f(x) - f(y)| < \varepsilon.$$

Considere $X = \{c \in [a, b] \ / \ f \text{ é } \varepsilon\text{-admissível em } [a, c]\}$. Claramente X é um conjunto limitado e $a \in X$. Além disso, note que se $c \in X$ e dado c_1 com $a < c_1 < c$, então $c_1 \in X$. Em particular, se $\beta = \sup X$, então $\beta - \delta \in X$ para todo $\delta > 0$ com $\beta - \delta \geq a$. O objetivo é demonstrar que $\beta \in X$ e que $\beta = b$.

Suponha que $\beta \notin X$, então, como f é contínua em β, existe $\delta_1 > 0$ tal que se $|x - \beta| < \delta_1$, então $|f(x) - f(\beta)| < \dfrac{\varepsilon}{2}$. Logo, se $|x - \beta| < \delta_1$ e $|y - \beta| < \delta_1$, então

$$\begin{aligned} |f(x) - f(y)| &= |(f(x) - f(\beta)) - (f(y) - f(\beta))| \\ &\leq |f(x) - f(\beta)| + |f(y) - f(\beta)| \\ &< \frac{\varepsilon}{2} + \frac{\varepsilon}{2} = \varepsilon. \end{aligned}$$

Portanto, f é ε-admissível em $(\beta - \delta_1, \beta + \delta_1)$.

Como $\beta - \dfrac{\delta_1}{2} < \beta$, temos que f éε-admissível em $J = \left[a, \beta - \dfrac{\delta_1}{2}\right]$. Logo existe $\delta_2 > 0$ tal que se $x, y \in J$ com $|x - y| < \delta_2$, então $|f(x) - f(y)| < \varepsilon$.

Tome $\delta = \min\left\{\dfrac{\delta_1}{2}, \delta_2\right\}$. Dados $x, y \in [a, \beta + \delta_1)$ com $|x - y| < \delta$. Para fixar as ideias, supomos que $y < x$. Vamos mostrar que $|f(x) - f(y)| < \varepsilon$. Temos duas possibilidades para y.

- Se $y \in (\beta - \delta_1, \beta + \delta_1)$, como $x > y$, temos que $x \in (\beta - \delta_1, \beta + \delta_1)$ e, portanto, pelo que foi provado no início, $|f(x) - f(y)| < \varepsilon$.
- Supomos que $y \in \left[a, \beta - \dfrac{\delta_1}{2}\right] \subseteq X$. Se $x \notin X$, então $x \geq \beta$ e, como $x - y < \delta \leq \dfrac{\delta_1}{2}$ concluímos que $y > \beta - \dfrac{\delta_1}{2}$, o que é absurdo. Logo $x \in X$. Como $y \in X$ e $\delta \leq \delta_2$, então $|f(x) - f(y)| < \varepsilon$.

Isso mostra que f é ε-admissível em $[a, \beta + \delta_1)$ e, em particular, $\beta + \dfrac{\delta_1}{2} \in X$, o que é absurdo, pois $\beta = \sup X$.

Falta provar que $\beta = b$. Supomos que $\beta < b$, então repetindo o argumento anterior, existe $\delta > 0$, tal que $\beta + \delta < b$ e que f é ε-admissível em $[a, \beta + \delta)$. Em particular, $\beta + \dfrac{\delta}{2} \in X$ e contradiz que β é uma cota superior de X.

O conceito de continuidade uniforme é um resultado bem técnico e bem sutil de entender. Esperamos que a demonstração do próximo teorema explique a necessidade do conceito de continuidade uniforme.

Teorema 3.B.2: Toda Função Contínua é Integrável

Seja $f : [a, b] \to \mathbb{R}$ função contínua, então f é integrável em $[a, b]$.

Demonstração:

Dado $\varepsilon > 0$. Construiremos uma partição $\mathcal{P}$ tal que, na notação da seção anterior, tem-se $S(f, \mathcal{P}) - s(f, \mathcal{P}) < \varepsilon$ e a integrabilidade é uma consequência direta do critério de Darboux para integrabilidade, ver corolário 3.A.11.

Pelo teorema 3.B.1, temos que f é uniformemente contínua em $[a, b]$ e, portanto, existe $\delta > 0$ tal que para todo $x, y \in [a, b]$, tem-se

$$\text{se } |x - y| < \delta, \text{ então } |f(x) - f(y)| < \frac{\varepsilon}{b - a}.$$

Seja $n \in \mathbb{N}$ tal que $\frac{1}{n} < \delta$ e considere $\mathcal{P} = \{x_0 = a, x_1, \cdots, x_n = b\}$ uma partição regular de n pedaços. Pelo teorema de Weierstrass, temos, para cada i, existem $\alpha_i, \beta_i \in [x_{i-1}, x_i]$ tais que $f(\alpha_i) = m_i$ e $f(\beta_i) = M_i$, em que m_i e M_i são, respectivamente, o mínimo e máximo global de f em $[x_{i-1}, x_i]$. Note que como $x_i - x_{i-1} = \frac{1}{n} < \delta$, então $|\alpha_i - \beta_i| < \delta$ e, portanto,

$$\begin{aligned} S(f, \mathcal{P}) - s(f, \mathcal{P}) &= \sum_{i=1}^{n}(M_i - m_i)\Delta x_i = \sum_{i=1}^{n}(f(\beta_i) - f(\alpha_i))\Delta x_i \\ &< \sum_{i=1}^{n} \frac{\varepsilon}{b - a}\Delta x_i = \frac{\varepsilon}{b - a}\sum_{i=1}^{n} \Delta x_i = \varepsilon. \end{aligned}$$

Corolário 3.B.3

Seja $f : [a, b] \to \mathbb{R}$ função limitada, mas descontínua apenas em b. Então f é integrável em $[a, b]$. O mesmo enunciado é válido se f for limitada e descontínua apenas em a.

Demonstração:

Como f é limitada, existem m, M satisfazendo $m \leq f(x) \leq M$ para todo $x \in [a, b]$. Dado $\varepsilon > 0$ com $\left(b - \frac{\varepsilon}{2(M - m)}\right) > a$. O motivo deste refinamento para ε será melhor explicado abaixo.

A ideia é construir uma partição $\mathcal{P} = \{x_0 = a, x_1, \cdots, x_{n-1}, x_n = b\}$ de $[a, b]$ de tal modo que x_{n-1} esteja suficientemente próximo de b para que $(M - m)\Delta x_n < \frac{\varepsilon}{2}$. Feita essa escolha de x_{n-1}, utilizamos que f é contínua em $[a, x_{n-1}]$ e, portanto, integrável em $[a, x_{n-1}]$ para escolher os pontos $x_1, \ldots x_{n-2}$ de modo que $S(f, \mathcal{P}) - s(f, \mathcal{P}) < \varepsilon$.

Defina, portanto, $c = b - \frac{\varepsilon}{2(M - m)}$. A exigência de ε ser pequeno suficiente implica que $c > a$. Como f é contínua em $[a, c]$, então pelo teorema 3.B.2, existe uma partição $\mathcal{Q} = \{x_0 = a, x_1, \cdots, x_{n-1} = c\}$ tal que $S(f, \mathcal{Q}) - s(f, \mathcal{Q}) < \frac{\varepsilon}{2}$.

Defina $\mathcal{P} = \mathcal{Q} \cup \{b\}$, então $\mathcal{P}$ é partição de $[a, b]$ e vale

$$S(f, \mathcal{P}) - s(f, \mathcal{P}) = [S(f, \mathcal{Q}) - s(f, \mathcal{Q})] + (M_n - m_n)\Delta x_n,$$

em que $b = x_n$ e M_n e m_n são, respectivamente, o supremo e o ínfimo de f em $[x_{n-1}, x_n]$. Daí,

$$S(f, \mathcal{P}) - s(f, \mathcal{P}) < \frac{\varepsilon}{2} + (M - m)(b - c) < \frac{\varepsilon}{2} + \frac{\varepsilon}{2} = \varepsilon.$$

Logo, pelo critério de integrabilidade de Darboux, f é integrável em $[a, b]$.

Corolário 3.B.4

Seja $f : [a, b] \to \mathbb{R}$ função limitada com um número finito de descontinuidades, então f é integrável em $[a, b]$.

Demonstração:

Sejam c_i, com $i = 1, \cdots, n$ e $c_i < c_{i+1}$, os pontos de descontinuidade da f. Pelo corolário 3.B.3, f é integrável em $[a, c_1]$, $[c_1, c_2], \cdots, [c_n, b]$ e, aplicando o corolário 3.A.15 diversas vezes, temos que f é integrável em $[a, b]$.

Em resumo, funções descontínuas podem ser integráveis. O próximo teorema diz que funções definidas por integrais são sempre contínuas. Lembremos que toda a construção de f ser integrável depende de f ser limitada.

Teorema 3.B.5: Função Definida por Integral é Contínua

Se $f : [a, b] \to \mathbb{R}$ é integrável em $[a, b]$, então $F(x) = \displaystyle\int_a^x f(t)\, dt$ é contínua em $[a, b]$.

Demonstração:

Seja $x_0 \in (a, b)$. Devemos provar que $\lim\limits_{x \to x_0} \big(F(x) - F(x_0)\big) = 0$.

Como f é limitada, existem $m, M \in \mathbb{R}$ tais que $m \leq f(x) \leq M$ para todo

$x \in [a, b]$. Utilizando a observação após o corolário 3.A.15, temos que

$$F(x) - F(x_0) = \int_a^x f(x)\,\mathrm{d}x - \int_a^{x_0} f(x)\,\mathrm{d}x = \int_{x_0}^x f(x)\,\mathrm{d}x.$$

Pelo teorema 3.A.5, temos

$$m(x - x_0) \leq F(x) - F(x_0) \leq M(x - x_0).$$

Como $\lim\limits_{x \to x_0} m(x - x_0) = \lim\limits_{x \to x_0} M(x - x_0) = 0$, o teorema do confronto garante que $\lim\limits_{x \to x_0} \big(F(x) - F(x_0)\big) = 0$.

Com uma pequena adaptação da demonstração do teorema 3.B.5, provamos o teorema fundamental do cálculo.

Teorema 3.B.6: Teorema Fundamental do Cálculo

Seja $f : [a, b] \to \mathbb{R}$ função contínua, então $F(x) = \displaystyle\int_a^x f(t)\,\mathrm{d}t$ é derivável e vale que $F'(x) = f(x)$ para todo $x \in [a, b]$.

Demonstração:

Fixemos $x \in [a, b)$ e seja $h > 0$, *suficientemente pequeno*. Vamos estimar o valor de $\dfrac{F(x+h) - F(x)}{h}$. Temos que

$$\frac{F(x+h) - F(x)}{h} = \frac{1}{h}\left(\int_a^{x+h} f(t)\,\mathrm{d}t - \int_a^x f(t)\,\mathrm{d}t\right) = \frac{1}{h}\int_x^{x+h} f(t)\,\mathrm{d}t.$$

Pelo teorema de Weierstrass, $f : [x, x+h] \to \mathbb{R}$ possui mínimo e máximo global e escrevemos $f(c_h) = m_h$ e $f(C_h) = M_h$, respectivamente, em que $c_h, C_h \in [x, x+h]$. Como $m_h \leq f(t) \leq M_h$ para todo $t \in [x, x+h]$, então pelo teorema 3.A.5,

$$m_h \cdot h \leq \int_x^{x+h} f(t)\,\mathrm{d}t \leq M_h \cdot h.$$

Daí,

$$f(c_h) \leq \frac{F(x+h) - F(x)}{h} \leq f(C_h).$$

Como f é contínua, temos que $\lim_{h\to 0^+} c_h = \lim_{h\to 0^+} f(C_h) = f(x)$ e, pelo teorema do confronto, concluímos que

$$\lim_{h\to 0^+} \frac{F(x+h)-F(x)}{h} = \lim_{h\to 0^+} \frac{1}{h}\int_x^{x+h} f(t)\,\mathrm{d}t = f(x).$$

De forma análoga, se $x \in (a,b]$, temos que

$$\lim_{h\to 0^-} \frac{F(x+h)-F(x)}{h} = \lim_{h\to 0^-} \frac{-1}{h}\int_{x+h}^{x} f(t)\,\mathrm{d}t = f(x).$$

Como os limites laterais existem e são iguais, concluímos que

$$F'(x) = \lim_{h\to 0} \frac{F(x+h)-F(x)}{h} = f(x).$$

Encerraremos a seção falando um pouco da soma de Riemann e um pouco de sua equivalência com o critério de Darboux na definição de integração e, no final, faremos uma pequena aplicação teórica do método da demonstração da soma de Riemann. Sugerimos que o leitor assista novamente à nossa videoaula Soma de Riemann.

Lembremos que uma partição $\mathcal{P} = \{x_0 = a, x_1, \cdots, x_n = b\}$ de $[a,b]$ em n pedaços não é necessariamente regular, isto é, $\Delta x_i = x_i - x_{i-1}$ pode depender do i. Neste sentido, precisaremos medir o tamanho dos intervalos para que possamos usar a expressão *a partição $\mathcal{P}$ é suficientemente fina.*

Definição 3.B.7: Norma de uma Partição

Seja $\mathcal{P} = \{x_0 = a, x_1, \cdots, x_n = b\}$ partição do intervalo $[a,b]$. A norma da partição $\mathcal{P}$ denotada por $|\mathcal{P}|$ é o maior comprimento dos seus subintervalos Δx_i. Mais precisamente,

$$|\mathcal{P}| = \max\{\Delta x_1, \Delta x_2, \cdots, \Delta x_n\}$$

Em particular, temos que $|\mathcal{P}| < \delta$ se e somente se $\Delta x_i < \delta$ para todo i.

Seja $f : [a,b] \to \mathbb{R}$ integrável e $\mathcal{P} = \{x_0 = a, x_1, \cdots, x_n = b\}$ partição de $[a,b]$. Para todo $c_i \in [x_{i-1}, x_i]$, tem-se

$$s(f,\mathcal{P}) \leq \sum_{i=1}^{n} f(c_i)\Delta x_i \leq S(f,\mathcal{P}).$$

O interessante de trabalhar com a integral de Riemann é a ideia de que se os tamanhos dos intervalos forem suficientemente pequenos, então espera-se que tenhamos uma aproximação adequada da integral, independentemente da escolha dos pontos de c_i.

Teorema 3.B.8: Riemann integrável

Seja $f : [a,b] \to \mathbb{R}$ função contínua. Então para todo $\varepsilon > 0$, existe $\delta > 0$ tal que para toda partição $\mathcal{P} = \{x_0, x_1, \cdots, x_n\}$ de $[a,b]$ com $|\mathcal{P}| < \delta$, tem-se

$$\left| \sum_{i=1}^{n} f(c_i)\Delta x_i - \int_a^b f(x)\,\mathrm{d}x \right| < \varepsilon,$$

independentemente da escolha de $c_i \in [x_{i-1}, x_i]$.

Demonstração:

A demonstração é bem semelhante com a do teorema 3.B.2 que diz que toda função contínua é integrável. Dado $\varepsilon > 0$. Pela continuidade uniforme de f em $[a,b]$, existe $\delta > 0$ tal que para todo $x, y \in [a,b]$, temos

$$\text{se } |x-y| < \delta, \text{ então } |f(x) - f(y)| < \frac{\varepsilon}{b-a}.$$

Seja $\mathcal{P} = \{a = x_0, x_1, \cdots, x_n = b\}$ partição de $[a,b]$ com $|\mathcal{P}| < \delta$ e seja $c_i \in [x_{i-1}, x_i]$. Pelo teorema de Weierstrass, temos, para cada i, pontos $\alpha_i, \beta_i \in [x_{i-1}, x_i]$ tais que $f(\alpha_i) = m_i$ e $f(\beta_i) = M_i$, em que m_i e M_i são o mínimo e máximo global, respectivamente, de f em $[x_{i-1}, x_i]$. Como $x_i - x_{i-1} < \delta$, então $|\alpha_i - \beta_i| < \delta$ e, portanto,

$$\begin{aligned} S(f,\mathcal{P}) - s(f,\mathcal{P}) &= \sum_{i=1}^{n}(M_i - m_i)\Delta x_i = \sum_{i=1}^{n}(f(\beta_i) - f(\alpha_i))\Delta x_i \\ &< \sum_{i=1}^{n} \frac{\varepsilon}{b-a}\Delta x_i = \frac{\varepsilon}{b-a}\sum_{i=1}^{n}\Delta x_i = \varepsilon. \end{aligned}$$

Como $m_i \leq f(c_i) \leq M_i$ para todo i, temos que

$$\begin{aligned} s(f,\mathcal{P}) \leq &\ \sum_{i=1}^{n} f(c_i)\Delta x_i \leq\ S(f,\mathcal{P}), \\ s(f,\mathcal{P}) \leq &\ \int_a^b f(x)\,\mathrm{d}x \leq\ S(f,\mathcal{P}). \end{aligned}$$

Com as desigualdades acima, temos finalmente que

$$\left|\sum_{i=1}^{n} f(c_i)\Delta x_i - \int_a^b f(x)\,\mathrm{d}x\right| < S(f,\mathcal{P}) - s(f,\mathcal{P}) < \varepsilon.$$

Na seção 2.7, ao deduzir a fórmula da área lateral de uma superfície de revolução gerada pelo gráfico da função f de classe C^1 em torno do eixo x e limitada ao intervalo $[a,b]$ vimos que apareceu uma adaptação da soma de Riemann

$$2\pi \sum_{i=1}^{n} f(d_i)\sqrt{1+[f'(c_i)]^2}\Delta x_i,$$

em que $c_i, d_i \in [x_{i-1}, x_i]$ para todo i e fizemos a observação que o somatório acima converge para $2\pi \int_a^b f(x)\sqrt{1+[f'(x)]^2}\,\mathrm{d}x$, independentemente das escolhas de c_i e d_i.

Provaremos este resultado técnico no próximo teorema.

Teorema 3.B.9

Sejam $f, g : [a,b] \to \mathbb{R}$ funções contínuas. Então para todo $\varepsilon > 0$, existe $\delta > 0$ tal que para toda partição $\mathcal{P} = \{x_0 = a, x_1, \cdots, x_n = b\}$ de $[a,b]$ com $|\mathcal{P}| < \delta$ e para qualquer conjuntos de pontos $c_i, d_i \in [x_{i-1}, x_i]$, tem-se

$$\left|\sum_{i=1}^{n} f(c_i)g(d_i)\Delta x_i - \int_a^b f(x)g(x)\,\mathrm{d}x\right| < \varepsilon.$$

Demonstração:

Dado $\varepsilon > 0$. Como f é contínua, então existe $M > 0$ tal que $|f(x)| \leq M$ para todo $x \in [a,b]$. Como g é uniformemente contínua em $[a,b]$, existe $\delta_1 > 0$ tal que para todo $x, y \in [a,b]$, temos que

$$\text{se } |x-y| < \delta_1, \text{ então } |g(x)-g(y)| < \frac{\varepsilon}{2M(b-a)}.$$

Como $f \cdot g$ é contínua, então pelo teorema 3.B.8, existe $\delta_2 > 0$ tal que para toda partição $\mathcal{P} = \{x_0 = a, x_1, \cdots, x_n = b\}$ com $|\mathcal{P}| < \delta_2$ e para qualquer escolha de $c_i \in [x_{i-1}, x_i]$, tem-se

$$\left|\sum_{i=1}^{n} f(c_i)g(c_i)\Delta x_i - \int_a^b f(x)g(x)\,\mathrm{d}x\right| < \frac{\varepsilon}{2}.$$

Tome $\delta = \min\{\delta_1, \delta_2\}$.

Seja $\mathcal{P} = \{x_0 = a, x_1, \ldots, x_n = b\}$ partição de $[a, b]$ com $|\mathcal{P}| < \delta$ e sejam $c_i, d_i \in [x_{i-1}, x_i]$ temos que

$$\begin{aligned}\left|\sum_{i=1}^{n} f(c_i)g(c_i)\Delta x_i - \sum_{i=1}^{n} f(c_i)g(d_i)\Delta x_i\right| &\leq \sum_{i=1}^{n} \big|f(c_i)\cdot(g(c_i) - g(d_i))\big|\Delta x_i \\ &< \sum_{i=1}^{n} M.\frac{\varepsilon}{2M(b-a)}\Delta x_i = \frac{\varepsilon}{2}.\end{aligned}$$

Sejam $A, B, C \in \mathbb{R}$ definidos por

$$\begin{aligned}A &= \sum_{i=1}^{n} f(c_i)g(d_i)\,\Delta x_i,\\ B &= \sum_{i=1}^{n} f(c_i)g(c_i)\,\Delta x_i,\\ C &= \int_a^b f(x)g(x)\mathrm{d}x.\end{aligned}$$

Temos, pela desigualdade triangular,

$$|A - C| = |(A - B) + (B - C)| \leq |A - B| + |B - C| < \frac{\varepsilon}{2} + \frac{\varepsilon}{2} = \varepsilon.$$

Exercícios

1. Seja $f : [a, b] \to \mathbb{R}$ função limitada integrável e dado $c \in [a, b]$. Suponha que g e uma função definida em $[a, b]$ tal que $f(x) = g(x)$ se $x \neq c$. Mostre que g é limitada e integrável em $[a, b]$ e vale
$$\int_a^b f(x)\,\mathrm{d}x = \int_a^b g(x)\,\mathrm{d}x.$$

2. Seja $f : [a, b] \to \mathbb{R}$ função limitada e integrável em $[a, b]$ e suponha que $g : [a, b] \to \mathbb{R}$ é uma função que coincide com f a menos de um número finito de pontos. Mostre que g é limitada e integrável em $[a, b]$ e vale
$$\int_a^b f(x)\,\mathrm{d}x = \int_a^b g(x)\,\mathrm{d}x.$$

3. Seja $f : [a, b] \to \mathbb{R}$ função integrável e seja $F(x) = \displaystyle\int_a^x f(t)\,\mathrm{d}t$. Mostre que existe $k > 0$ tal que para todo $x, y \in [a, b]$, tem-se
$$|F(x) - F(y)| \leq k|x - y|.$$

4. Sejam $\mathcal{P}$ e $\mathcal{Q}$ partições de $[a, b]$ com $\mathcal{P} \subseteq \mathcal{Q}$. Mostre que $|\mathcal{Q}| \leq |\mathcal{P}|$.

5. Seja $f : [a, b] \to \mathbb{R}$ contínua tal que $\displaystyle\int_a^b f(x)g(x)\,\mathrm{d}x = 0$ para toda função $g : [a, b] \to \mathbb{R}$ contínua. Mostre que f é identicamente nula.

6. Se $f, g : [a, b] \to \mathbb{R}$ integráveis com $f(x) \leq g(x)$ para todo $x \in [a, b]$. Mostre que $\displaystyle\int_a^b f(x)\,\mathrm{d}x \leq \int_a^b g(x)\,\mathrm{d}x$.

7. Suponha que $f : [a, b] \to \mathbb{R}$ é contínua em $[a, b)$ e limitada em $[a, b]$. Mostre que para todo $\varepsilon > 0$, existe $\delta > 0$ tal que para toda partição $\mathcal{P} = \{a = x_0, x_1, \cdots, x_n = b\}$ de $[a, b]$ com $|\mathcal{P}| < \delta$, tem-se
$$\left| \sum_{i=1}^{n} f(c_i)\Delta x_i - \int_a^b f(x)\,\mathrm{d}x \right| < \varepsilon,$$
independentemente da escolha de $c_i \in [x_{i-1}, x_i]$.

Índice Remissivo

www.ingramcontent.com/pod-product-compliance
Ingram Content Group UK Ltd.
Pitfield, Milton Keynes, MK11 3LW, UK
UKHW022030190726
13853UKWH00005B/2182